領低薪
是因為你不夠用心

帕雷托法則×鯰魚效應×AIDMA定律……

職場八大守則，你做對了哪些？

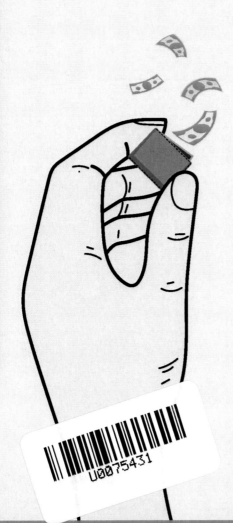

U0075431

胡文宏，劉燁 編著

身邊同事不斷升遷，你卻只能乾瞪眼？
為公司賣命數十年，看看存摺，依舊仰天長嘆？

人力資源公司必定考核的八大指標

高級主管最在乎的職場素養與核心能力

如何成為辦公室天才，看這本就夠！

目 錄

3

目錄

目錄

序言

誰是公司菁英？

著名的貝爾實驗室（Nokia Bell Labs）與 3M 公司（3M Company）經過多年研究，終於發現了一個令人吃驚的結論：要成為一名優秀員工，你無須擁有較高的 IQ 或者圓滑的社交技巧，你需要的只是態度，做人做事的正確態度，態度決定成敗！簡單來說，就是：「低調做人、高調做事」！

研究發現，時下許多員工自恃「天賦較高」、「能力極強」，他們銳氣旺盛、鋒芒畢露，處世不留餘地，待人咄咄逼人。他們時時以「自命不凡」的面貌出現，以為這樣就能得到認可、受到尊重，結果卻事與願違，他們在職場中處處碰壁。更致命的是，他們自視甚高，總認為自己得不到賞識、才能得不到施展，抱怨不斷，對工作提不起精神，抱怨成了推託的藉口，於是白白喪失了許多寶貴的機會。這種人恐怕與「公司菁英」無緣了。

行勝於言，精益求精！事必做於細，只有踏實才能成事！做人要低調，不可張揚，切不可浮躁。放下架子，降低姿態，你的起跑點會因此悄然往前，成功機率也會水漲船高！

除了睡覺之外，人花在工作上的時間占了絕大部分，除非是有意外之財，否則就得依靠工作來支撐幾乎所有的日常開銷。於是，人的一生是否幸福，很大程度取決於工作！所以，我們要敬業，更要和我們所在的公司同舟共濟，自動自發地工作，絕不找藉口！公司發展、壯大了，員工的利潤自然水漲船高。

我們都知道，國富民強，同樣道理，只有與公司共生死，用飽滿的熱情盡職盡責地發揮工作效率，最大量地為公司發光發熱，只有這樣的人才會得到天下所有老闆的賞識，所有的公司都會不惜重金得到這樣的人才 —— 公司菁英！

聰明的人會像信仰上帝一樣信仰自己的職業，像熱愛生命一樣熱愛自己的工作。既然只有工作才能帶給我們一切，為什麼不盡力呢？當然，光靠忠誠、主動、踏實等敬業精神還遠遠不夠，我們還需要執行力，需要完成任務的學問，最終目的自然離不開最大限度地創造價值：利潤！

利潤，是任何一家在市場中生存發展的公司的根本目的，是公司老闆和所有員工的共同目標。身為員工，一定要為公司創造財富，而且要把為公司創造財富當作神聖的天職，當成自己不可推卸的光榮使命！只有這樣的

人，對自己的職業與工作賦予了神聖感和使命感，那才是真正提升到敬業的高度。這樣的人，才稱得上「公司菁英」。

貨真價實的公司菁英從來不擺架子，從來不倚老賣老，「低調做人、踏實做事」是他們的行動準則；「行勝於言、精益求精」是他們的信念。

以下是對公司菁英的基本要求，我們不妨問問自己，「我是嗎？」

- **虛心，你永遠是對的**：虛心的人對自己一切敝帚自珍的成見，只要看出與真理相衝突都願意放棄。虛心使人勇於承認錯誤、正確地面對批評、用積極化解抱怨……虛心的人能贏得團隊的尊重。
- **不找藉口，努力達成目標**：「最優秀的員工是像凱撒一樣拒絕任何藉口的英雄。」不找任何藉口，當一個人把全部的精力傾心投注到一項偉大的目標時，他就會擁有巨大的力量，任何困難都將阻擋不了他取得成功。
- **不問薪水，沒人會虧待你**：工作不必太計較薪水的多少，我們要看到比薪水更高的目標。工作本身所給予我們的報酬，如發展我們的技能，增加我們的經驗，使我們的人格受人尊敬，都比追求薪水有意義得多。

- **事必做到細，勇於接受挑剔**：注意細節做出來的工作一定能抓住人心，即使是最挑剔的老闆也會滿意。這種細心的態度，來自於敬業的精神和傑出的工作方法，它是使人獲得發展的營養品。

- **同室不操戈，與同事和平相處**：要想與同事融洽相處，我們就要將同事視為自己的朋友、自己的兄弟。只有這樣，我們才能從同事那裡獲得支持與鼓勵，也才能擁有輕鬆的工作環境。

- **和你的商品談戀愛，把你的客戶當朋友**：客戶是「上帝」。一個全世界最頂尖的銷售人員所銷售的商品，不是商品本身，而是他自己。當客戶喜歡我們、了解我們之後，他才會開始選擇我們的產品。

- **學會當領導者、主管，做「領頭羊」不做「離群狼」**：一名出色的領導者，有統御下屬的能力。既能充分信任下屬，讓他們各盡所能發揮自己的才幹；又能有效地管理、領導下屬，以保證團隊在正確的軌道上運作。做「領頭羊」而不做「離群狼」，自己才不會受到孤立，才能得到下屬的尊敬。

- **從對手那裡學習**：真正能成大事者，他們不只是把對手當作自己的敵人，他們時時刻刻把對手當作自己的夥伴，在競爭中提高自己的智慧與能力 —— 借鑑對

手成功的祕訣，在對手失敗處尋找機會，從對手那裡
學習好的方法，以幫助自己達到目的。

劉燁

序言

第一章
虛心，你永遠是對的

史賓塞（Spencer Johnson）說：「成功的第一個條件便是虛心，對自己的一切敝帚自珍的成見，只要看出與真理相衝突都願意放棄。」虛心的人勇於承認錯誤、正確地面對批評、善於用積極化解抱怨……虛心的人能贏得同事的尊重和老闆的賞識。

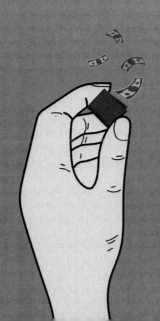

謙虛能讓你贏得團隊的尊重

謙虛，是一個優點，是一種高尚的品格，那些謙虛的人能贏得好人緣，而那些妄自尊大、輕視別人的人總是令人反感。

日常工作中你是否遇到過這樣的同事，他才華洋溢，但總令人感到他性格狂妄，所以別人很難與他合作相處。這種人多半是因為太愛表現自己，總想讓別人知道自己很有能力，處處想顯示自己的優越感，以為這樣就能得到他人的認可與欽佩，結果卻事與願違，反而在團隊中失去威信。

科維大學畢業後到一間研究所從事資料文獻的分類編目工作。他認為這是自己的專長，自以為比其他同事懂得多，剛上班時，主管也要他多發表意見，這讓科維受寵若驚。於是為了讓主管知道自己的才華，不到一個月，他就向主管遞上了洋洋灑灑的意見書，上至公司主管工作作風與方法，下至公司員工的福利，都一一列舉了現存的弊病，提出了周詳的改進意見。主管點頭稱是，同事也不反駁，但結果呢，不但沒有一點改變，反倒讓自己的人緣變得很差。

他空懷壯志，一年中，主管竟沒有幫他安排什麼具體的工作。後來科維聽了朋友的意見，主動遞交了辭呈。

臨走時，主管拍著他的肩膀，說：「太可惜了，我真不想讓你走，我還想好好栽培你呢！」科維至今猜不透「太可惜」三個字的含義，想來一定含有「不該鋒芒畢露，亂提意見」的意思。

科維的經歷的確令人惋惜，與此同時，我們也應得到啟發：為人處世一定要學會謙虛，不可鋒芒畢露、胡亂地展現自己。

謙虛的人往往能得到別人的信賴，因為謙虛，別人才覺得你親切，這樣你就會贏得別人的尊重，與同事建立更好的關係。所以，自己要學會韜光養晦。要學會謙虛，當然並不是說自己不重要，而是才能不是說出來的，只有慢慢地表現，我們才會永遠受到別人的歡迎。

事實上，我們每個人的聰明才智都差不多。你如果想成為團隊中最優秀的員工，其實很簡單，那就是虛心學習別人的長處，腳踏實地地去贏取勝利。

謙虛的人恪守的是一種平衡關係，那就是讓周圍的人在對自己的認同上達到一種心理上的平衡，同時也讓別人不感到自卑與失落，這就是一種良好團隊意識的展現。非但如此，你的謙虛有時還能讓別人感到高貴，感到自己比其他人強，即產生任何人都希望能獲得的所謂優越感。

所以，不讓別人感到失落和使別人產生優越感的祕訣

之一，便是在他面前恰當地表現自己的謙虛。可以說，謙虛的人才容易不受別人排斥，才容易被社會和群體接納、認同。

　　總之一句話，謙虛能讓你贏得團隊的尊敬。

用服從和理解贏得老闆的賞識

　　許多員工抱怨自己得不到賞識，鬱鬱不得志、怨天尤人。其實這樣的人應該明白，機會只垂青有準備的頭腦，贏得欣賞並不難，就看你是否腳踏實地，是否善於用行動和頭腦去贏得老闆的垂青。

　　首先，你要做的就是善於服從。

　　軍人的第一天職就是「服從」，一個企業就好比一支軍隊，而主管好比是「帥」，員工就好比是「兵」，只有下級無條件地服從上級，企業才會有執行力，才能得到發展。所以說，主動服從是一個高效企業文化的靈魂所在。沒有主動服從精神的組織，只能稱之為「烏合之眾」。

　　美國某位企業家曾說過：「企業裡如果思想不統一，每個人都有自己的想法，這就像很多馬拉的馬車，沒有統一的指揮，每匹馬都有自己的方向，所以需要一個車夫來統一群馬的方向，群馬也要服從指揮，馬車才能前進。」

　　當然，如果你有不同的意見，你可以在老闆還沒決策

之前提出建議，一旦老闆決定了，就要服從。服從是絕對的忠誠，服從更是生產力的重要一環，只有你善於服從，你的老闆才會欣賞你。

其次，你要做的是了解老闆的意圖。

準確地了解老闆的意圖，是獲其欣賞的重要途徑。了解老闆意圖的關鍵在於認真傾聽他的談話。在傾聽老闆談話或交代任務時，有些人往往不能集中精力，不僅無法理解老闆的真實意圖，而且連他說什麼也沒弄清楚。這樣的人，自然不會得到老闆的賞識，更糟的是有損自己在老闆心中的形象。

了解老闆的意圖，你不僅要聽清楚他所說的一切，而且要明白其中的含義。這樣，你才能概括出主旨，並做出聰慧的應對。要做到這一點，首先，你必須集中精力；其次，在老闆講完後，你要稍作靜思，理清思路；最後，你有必要向他提一、兩個用以澄清他談話重點的問題，意在強調並掌握他談話的要點。

最後，要做到設身處地為老闆著想。

老闆也是普通人，他也有遇到難題的時候，當他面對難以抉擇的問題，特別是在他優柔寡斷時，往往會徵求部下的意見。這時你要勇敢地說：「我有這樣一個想法，您看如何？」如果是你能解決的事情，你不妨主動請命：「讓我來做吧。」

敏銳地察覺老闆的處境與特定的心境，適時地充分表達自己的意見，是取得老闆欣賞的好方法之一。

機會只垂青有準備的頭腦。你想要提升自身的價值，在工作中贏得老闆的欣賞，服從和理解便是一條再好不過的途徑。

主動與老闆溝通

哈里森是美國金融界的知名人士。他初入金融界時，他的一些同學已在金融界內擔任要職，也就是說他們已經成為老闆的心腹。他們教給哈里森的一個重要祕訣，就是「千萬要主動與老闆溝通」。

之所以這樣說，就在於許多員工對老闆有生疏和恐懼感。他們見了老闆就噤若寒蟬，一舉一動都不自然。就是職責上的匯報工作，也可免則免，或拜託同事代為轉述，或用書面形式報告，以免受老闆當面責難的難堪。長此以往，員工與老闆的隔閡肯定會愈來愈深。

然而，人與人之間的好感是要透過實際接觸和語言溝通才能建立起來的。

一個員工，只有主動與老闆面對面接觸，讓自己真實地展現在老闆面前，才能讓老闆直覺地認識到自己的工作才能，才會有被賞識的機會。

當然，這並不是說，只要你主動與老闆溝通，就能得到老闆的垂青。不同老闆喜歡用不同方式去管理。主動與老闆溝通時，須懂得自己的老闆有哪些特別的溝通傾向，這對員工的溝通成功與否，至關重要。一般而言，以下是老闆所欣賞的肯主動與老闆溝通的員工：

- **與老闆溝通越簡潔越好**：主管階層的人有一個共同的特性，就是事多人忙，加上講求效率，因此最不耐煩長篇大論，言不及義。因此，想要引起老闆注意並與老闆有良好的溝通，應該學會的第一件事就是簡潔。簡潔最能表現你的才能。莎士比亞將簡潔稱之為「智慧的靈魂」。用簡潔的語言、簡潔的行為來與老闆達成某種形式的短暫交流，常能達到事半功倍的良好效果。

- **「不卑不亢」是溝通的根本**：雖然你所面對的是你的老闆，但你也不要慌亂，不知所措。不可否認，老闆喜歡員工對他尊重。然而，不卑不亢這四個字是最能折服老闆、最讓他自在的。員工在溝通時若盡量遷就老闆，本無可厚非，但過分地遷就或吹捧，就會適得其反，讓老闆心裡產生反感，反而妨礙了員工與老闆的正常關係和感情的發展。你若在言談舉止之間，都表現出不卑不亢的樣子，從容對答，這樣老闆會認為你有大將風度，是個可造之材。

- **溝通時老闆和員工是對等的**：在主動交流中，不爭占上風，事事替別人著想，能從老闆的角度思考問題，兼顧雙方的利益。特別是在談話時，不以針鋒相對的形式令對方難堪，而能夠充分理解對方。那麼，你的溝通結果常會是皆大歡喜。

- **用聆聽開創溝通新局面**：理解的前提是了解。老闆不喜歡只顧陳述自己觀點的員工。在相互交流之中，更重要的是了解對方的觀點，不急於發表個人意見。以足夠的耐心，去聆聽對方的觀點和想法，是最令老闆滿意的。

- **不能為抬高自己而貶低別人**：在主動與老闆溝通時，千萬不要為標榜自己的優點，刻意貶低別人甚至老闆。這種褒己貶人的做法，最為老闆所不屑。同樣，當你表達不滿時，要記住一個原則，那就是所說的話對「事」不對「人」。不要只是指責對方做得如何不好，而要分析做出來的結果有哪些不足，這樣溝通過後，老闆才會對你投以賞識的目光。

- **用知識說服老闆**：對於日新月異的科技、變化迅速的潮流，你都應保持應有的了解。廣泛的知識面，可以支持自己的論點。你若知識淺陋，對老闆的問題就無法做到有問必答、條理清晰。而當老闆得不到準確的回答，時間長了，他對員工就會失去信任與依賴。

在知道了老闆的溝通傾向後，員工需要調整自己的風格，使自己的溝通風格與老闆的溝通傾向最大可能地吻合。有時候，這種調整是與員工本人的天性相悖的。但是員工如果能透過自我調整，主動有效地與老闆溝通，創造和老闆之間默契和諧的工作關係，無疑能使你最大程度地獲得老闆的認可。

找對自己的職場位置

身為一名員工，你若想做好工作，就必須清楚自己在公司中處於怎樣的位置。

你是否有時覺得自己的工作枯燥乏味，覺得自己無法發揮才幹和熱情，更糟的是有時甚至覺得是在浪費青春和生命。如果有，請立即審視一下你在公司中所處的位置。

無論你從事什麼樣的工作，你都應該明白自己的位置不可或缺，你的工作具有非凡的意義，你應該在自己的位置上做出一定的成績。

如果你是個老師，你不教學，要做什麼呢？如果你是個祕書，你不準備資料、接聽電話，又該做什麼呢？你應該明白，你的工作決定了你的職責，你應該腳踏實地地做好每一件事。

如果你能認識到這些，你就能心胸開闊，而不會總是

21

抱怨了。在工作的時候，你就能安下心來，而不會認為自己事再無所事事，得過且過。

　　能知道自己該做什麼、不該做什麼，準確找到自己位置的人，才能贏得欣賞、獲得尊重，進而獲得最大的升遷空間。

期望不要太高

　　工作中，有一些人總有很高的期望，他們希望一切工作都能順利開展，隨時可以得到他人的建議，工作成果總被上司、同事認可等等。但事實上，如果你的期望太高，甚至變得不切實際而好高騖遠，你就會不斷讓自己失望，自信心勢必會受到很大的打擊。

　　時常抱有過高期望的人是很難真正放鬆下來的，他們總是在不斷地為自己製造麻煩。他們天真地期望工作按自己所預想的開展下去，否則他們就會感到沮喪不安；他們希望每個人都按自己的要求去做，否則他們就會焦慮、憤怒。

　　要改變這種狀況非常簡單，就是降低你的期望；哪怕只是降低一點點，你就會發現生活與工作變得輕鬆許多。

　　當事情成功時，你不會再覺得是理所當然，你會更快樂、更驚喜。同樣地，當事情失敗時，你不會讓自己受

到很大的打擊，你勇於接受，對自己說：「重新再來。」
降低期望值，你就不會再為小事而煩惱，也不會在面對
困境時惶恐不安，你不會再感到束手無策；相反地，你
會異常地冷靜與自信，你會對自己說：「我能處理這件事
情的。」

勇於承認自己的錯誤

　　勇於承認自己的錯誤，勇於面對自己的錯誤行為所導
致的後果，這是一種勇者的行為。一個勇於承認自己錯
誤的人，是一個懂得虛心求教的人。

　　勇於承認自己的錯誤，表明了這個人勇於對自己的行
為承擔責任。不只是面對成就時，勇於說「是我做的」；
在失敗時，也能承擔應有的責任。

　　在我們的日常生活中，我們常常可以碰到形形色色喜
歡推卸責任的人。這些人不願意承認自己是錯的，總是
喜歡為自己的錯誤尋找各種冠冕堂皇的理由。一個只能
面對成功而無法面對失敗的人是可悲的。面對失敗比面
對成功需要更大的勇氣，尤其是對一個對自己抱有很大
信心的人。

　　但是一個人想要獲取成功，就需要有承認自己錯誤的
勇氣。承認自己的錯誤，是對自己所做過事情的一個總

結，勇於面對自己錯誤的判斷、錯誤的決策以及錯誤的行動，只有這樣才能真正地從眼前的失敗中吸取教訓，才能夠得到成長。如果自己的錯誤因為自己的小聰明或是巧舌如簧而僥倖過關，推卸掉了責任，那麼就會助長一個人投機取巧的心態。更為嚴重的是，他根本不可能從眼前的失敗中吸取教訓，無法意識到自身問題的所在，這樣難免會再犯錯。再犯錯的時候，很難說還會有機會使自己輕鬆脫身，只怕錯誤越犯越多，最終的結果連自己都無力挽回。

　　更嚴重的情況是，有些人不但會推卸自己的責任，而且還試圖把責任嫁禍到別人的身上，讓無辜的人來承擔自己的錯誤所導致的惡劣後果。如果說不勇於承認自己的錯誤是一種怯懦，是一種對自己不負責任的表現的話，那麼嫁禍於人就是嚴重的道德問題，就是對自己、對別人沒有絲毫的良心可言，這應該是為我們所屏棄的。儘管在工作中，我們的錯誤會為我們帶來很大的麻煩，讓我們多走很多彎路，甚至會影響我們的前程，但是我們依舊要為自己的行為負責，無論後果有多嚴重，我們都沒有理由推卸責任或是嫁禍於人。

　　人總是在失敗中獲得成長。一個渴望成功的人，就不應該對失敗有任何的膽怯。因為失敗始終都與成功相伴，「失敗乃成功之母」。所以，無論是成功，還是失

敗，我們都應該用同樣的態度來面對。無論我們是成功了，還是失敗了，都已經成為過去，我們要做的就是從這其中吸取經驗教訓，以便讓我們今後做得更好。

所以，以一顆平常心來對待成功和失敗，是我們都應該努力做到的。

積極地面對指責

在工作中難免會犯錯，會遭到上司的指責。對於這些言論，你應該積極面對並虛心地接受，因為，這會使你避免再犯同樣的錯誤。

在受到上司指責時，應把握以下原則：

- **認真對待上司的意見**：上司通常不會把指責、訓斥別人當成自己的樂趣。既然是批評，尤其是訓斥容易傷和氣，那麼他在提出意見時通常是比較謹慎的。而一旦指責下屬，上司就要面對權威和尊嚴方面的問題。如果你把上司的意見當耳邊風，我行我素，其效果也許比當面頂撞更糟。因為，你的眼裡沒有上司，讓上司顏面盡失。

- **對上司的意見不要不服氣和滿腹牢騷**：上司提出的意見自有他的道理，即使有錯誤，也必定有其可接受的地方。聰明的下屬應該學會「善用」。上司對你提出

的錯誤意見，只要你處理得當，有時會變成有利因素。但是，如果你不服氣、發牢騷，那麼這種做法產生的負面效應將會使你和上司的心理距離拉大，關係惡化。

· **切勿當面頂撞**：當然，公開場合受到不公正的評論、不應該的指責，會讓自己難堪。你可以一方面私下耐心做些解釋，另一方面，用行動證明自己，當面頂撞是最不明智的做法。既然你都覺得自己下不了臺，那反過來想想，如果你當面頂撞了上司，上司同樣下不了臺。如果你能在上司發其威風時給足他面子，起碼能說明你大度、理智、成熟。只要這位上司不是存心找你的麻煩，冷靜下來他一定會反思，你的表現一定會讓他留下深刻的印象。

· **被指責時不要找過多的藉口**：遭到主管指責時，反覆爭執、辯解是沒有必要的。

那麼，的確有冤情，的確有誤解的話怎麼辦？可以找一、兩次機會剖白，但應點到為止。即使主管沒有為你「平反昭雪」，也用不著糾纏不休。這種斤斤計較型的部下，會讓主管很頭痛。如果你的目的僅僅是為了不被責罵，當然可以「寸土必爭」、「寸理不讓」。可是，一個總是把主管搞得筋疲力盡的人，又談什麼晉升呢？

一個人不可能完美到不犯任何錯誤，只要別人的意見是正確而合理的，你就應該心悅誠服地接受。如果你能積極地面對指責，那麼在別人眼裡你就是一個虛心的人，你對成就自我價值有著強烈的欲望，而這正是一種令人欽佩的品行。

請教，讓你少走彎路

　　美國歷屆總統中，最肯虛心求教於人的，莫過於老羅斯福了。他每遇到一件要事，常常召集相關人員開會，詳細商議。有時為使自己獲得更多的參考意見，他甚至發電報至幾千里外，敦請他所要請教的人前來商議。

　　而美國早期政界名人路易斯‧喬治（Louis Bertrand George），治理政務也以精明周密而聲名遠播，但是他對於自己的學問還是常感懷疑。每當他做好了財政預算送交議會審核之前，幾乎都會和幾位財政專家聚首商議，即使一些極細微的地方，也不肯放鬆求教的機會。他的成功祕訣可以一言以蔽之，就是：「多多求教於人」。

　　生活中，善於使用「求教於人」成功祕訣的，真是多得不勝枚舉，我們簡直可以說，那些能夠成就大事者，大多有著這種樂於徵詢他人意見的好習慣。一個聰明、有所作為的大人物，最能利用各種方法使人主動向

他提供意見，並且善於審查這些意見，從中截取有益於自己的加以利用。反之，那些庸碌無能的人，往往不懂得徵詢他人意見的方法，即使獲取了別人的意見，也不能加以正確地選擇和適當地利用。

也許你常常把自己能獨斷專行當做一件驕傲的事，而把聽取他人的意見當作是可恥的事情，其實這是一個莫大的謬見。

當別人拿許多意見來提供你參考時，正是你可以利用這些意見來把事情做得更加完美無缺的機會。如果你錯過了這種機會，蒙受最大損失的，不是別人，而是你自己。

在第一次世界大戰時，某位上校正在前線督戰，屬下有兩個違反軍紀的軍人卻逃到德軍陣營去了。上校立刻命令他隊伍中的一個上尉帶領一支兵馬，前去將犯人捕回。但這個上尉是個有勇無謀的人，事先既不周密計劃，也不徵詢別人的意見，僅憑著那股愚勇，草率地前去血戰，結果吃了一場敗仗，全軍覆沒。

在失敗的消息傳來後，只好再命另一位上尉，率領另一支兵馬前去。這個上尉就深明成功的訣竅，他先去找一位法國軍官，把自己將要實施的計畫告訴了他，並徵詢他的意見。那位法國軍官當然樂於指教，便根據自

己的經驗，告訴他一個最穩當的方法，上尉用這方法去做，果然將犯人安然捕回。

同是兩個勇敢的上尉，只因前者喜歡獨斷專行，以致功業無成反而遭受殺身之禍；而後者由於肯向人虛心求教，不但保障了自己的生命，還圓滿地完成了任務。所以我們說：求教於人不但不是一種可恥的行為，反而更顯示一個人有思想、肯進取、有智謀。試想，你獨斷專行，即使僥倖成功，又有什麼值得自傲的呢？況且，有許多意見，常常是別人付出了極大的代價而換得的經驗之談，他既然肯讓你不費吹灰之力地去利用，你又何樂而不為呢？

為自己留有餘地 —— 得意不忘形

得意不忘形，是一種非常謙虛的表現。一個人能夠在自己取得成績的時候，保持謙恭的態度；能夠在自己處於事業巔峰的時候，始終保持低調。這不僅是一個人承受能力的表現，更是一種內在修養的展現。

很多人都能承擔失敗的痛苦，能夠從失敗中走出來，重新開始自己的人生；但是只有為數不多的人，能夠在成功的時候保持清醒，還能夠理智地為自己的下一步行動做出抉擇。

得意的時候不忘形，才能夠避免「樂極生悲」。得意忘形導致的最直接結果就是讓我們失去原有的判斷力，過分相信自己的能力，過分地高估自己的運氣，認為獲得成功對於自己來說是理所當然的，「我付出了努力，就一定會成功。因為我是天才，而且我知道努力，重要的是我一直都有好運氣」；認為自己一直都會是對的，只要堅持下去，成功依舊是屬於自己的，「我已經如此成功，這已經充分證明了我的實力，我的判斷沒有任何問題」；甚至會陷入盲目的自大，「那些人真是不行，和我簡直就不是同一個等級的，竟然還每天和我出入同一棟大樓，和我用同一層的洗手間，甚至和我在同一間辦公室裡工作！」在這樣的心態驅使下，你怎麼可能保持原有的判斷力、原有的行動力和上進心呢？而當你失去了這些東西的時候，你的成功也就失去了基礎，結果只能是失敗。

　　「樂極生悲」的另外一個原因是，你不再能看清你的對手。你已經不能正確地衡量他對你的威脅，因為你覺得自己是天才，是上帝的寵兒，而他只是上帝的棄民。放鬆了對「敵人」的警惕，再加上自己的戰鬥力下降，「三十年河東，三十年河西」就會馬上到來。

　　得意忘形，就是把自己擺在一面哈哈鏡前，此時，你看不到真實的自己，同時也扭曲了你周圍所有的人。

　　得意的時候不忘形，才能夠為自己留有餘地。「謙虛」自古就是一種美德，尤其在職場中，更是能夠獲得良好人際關係的重要品格。我們對於同事的成功都應該抱有一種讚賞的態度，應該為每一個人的成功而感到高興；同時，對於同事的失敗，我們都不應該有「隔岸觀火」的想法，而應該給予他鼓勵，並且避免他犯過的錯誤在我們的身上再度發生。

　　如果我們待人能夠拿出這樣的態度，那麼對己就要有相應的要求，那就是最簡單的「勝不驕，敗不餒」。

第二章　事必做於細，勇於接受挑剔

第二章
事必做於細，勇於接受挑剔

查爾斯‧狄更斯（Charles Dickens）說：「天才就是注意細節的人。」工作上的細節不容忽視。注意細節做出來的工作一定能抓住人心，即使是最挑剔的老闆也會滿意。這種細心的工作態度，來自於敬業的精神和傑出的工作方法，它是使你獲得發展的營養品。

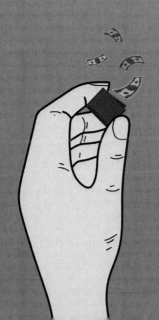

在細節處下工夫

　　一位作家說:「成功始於細節。但是，差不多先生和不計較小姐卻認為，偉人就是要做驚天動地的大事情。那些對自己的本性毫無認識，永遠不屑做細微之事的人，永遠成就不了任何大的功業。」

　　的確，在工作中你要想與別人有所區別，應學會在細節處下工夫。

　　有時候，公司老闆或業務員要出差，便會安排員工去買車票，這看似很簡單的一件事，卻可以反映出不同的人對工作的不同態度及其工作能力，也可以大概推測出今後工作的前途。

　　有這樣兩位祕書，一位將車票買來，就那麼一大把地交上去，雜亂無章，易丟失，也不易查清時刻;另一位卻將車票裝進一個大信封，並且在信封上寫明列車車次、位號及出發、到達時刻。後一位祕書是個細心的人，雖然她只是注意了幾個細節之處，只在信封上寫上幾個字，卻讓人省事不少。

　　按照命令去買車票，這只是「一個平常人」的工作，但是一個會工作的人，一定會想到該怎麼做、要怎麼做，才會令人更滿意、更方便，這也就是用心注意細節的問題了。

工作上細節不容忽視。注意細節所做出來的工作一定能抓住人心，雖然在當時無法引起人的注意，但久而久之，這種工作態度形成習慣後，一定會為你帶來巨大的收益。

　　這種細心的工作態度，是由於對一件工作重視的態度而產生的。對再瑣碎的事也不掉以輕心，專注地去做，才能將工作做得更好。那些能夠獲得成功的人，即使要他去收發室做整理信件的工作，他的作法也會跟別人有所不同。這種注重細微環節的態度，就是使自己的事業得以發展的保證。

小地方容易出現大紕漏

　　工作中許多不良習慣，哪怕它如芥粒，非常之小，其所造成的危害，常比你想像的要嚴重得多。對於員工來說，這些看似微不足道，不足以影響大局的小毛病，常常決定他本人的前途命運。

　　凱斯特是一家公司的採購部經理。一天，他看到公司訂製的原子筆、影印紙異常精美，便不斷地拿些回去，讓他還在上學的女兒使用。這些東西被女兒的老師看見了，而老師的丈夫恰好正是與這家公司有業務往來的高級主管。

該高級主管知道這件事後，說道：「這家公司的風氣太差了，公司的員工只想著自己而不是公司！這樣的公司怎麼能有誠意做好生意呢？」於是，他中止了與該公司的合作計畫。

　　誰會想到合作的中斷，竟是由一些影印紙造成的呢！可見，小地方容易出現大紕漏，身為員工，這些小地方不容忽視。

　　理智的老闆，常會從細微之處觀察員工、評斷員工。例如，站在老闆的立場上：

　　一個缺乏時間觀念的員工，不可能約束自己勤奮工作；一個自以為是、目中無人的員工，在工作中無法與別人合作溝通；一個做事有始無終的員工，他的做事效率實在令人懷疑……。

　　一旦你因為這些小小的不良習慣，讓老闆留下壞印象，你的發展道路就會越走越狹窄。因為你對老闆而言已不再是可用之人。除此之外，還有一些惡習足以斷送你的前途。

- **工作期間公私不分**：如果你常在工作期間處理私人事務，老闆會感覺你不夠忠誠。因為公司是講求效益的地方，任何投入必須緊緊圍繞著生產來進行。工作時處理私人事務，無疑是在浪費公司的時間和資源。

一位老闆曾經這樣評價一位當著他的面打私人電話的員工：「我想，他一定經常這樣做，否則他怎麼連我也不防？也許他沒有意識到這有違職業道德。」

另外一位老闆說：「我不喜歡看見報刊、雜誌和閒書，在工作時間出現在員工的辦公桌上，我認為這樣做表示他並不把公司的事情當回事，他只是在混日子。」

對老闆來說，工作時間處理私人事務，很大程度上反映出員工工作的心態。有些老闆通常把私人事務的多少，當作一位員工是否積極上進、安於本職工作的考核標準。因此，公私不分，工作時間處理私人事務，既影響你的工作品質，也直接影響你在老闆心目中的形象。

做事有始無終：許多人有一種把工作做了一會兒，就放在一邊的習慣，而且他們充分相信，他們似乎已經完成了什麼。

事實果真如此嗎？你這樣做，猶如足球員在臨門一腳的剎那收回腳，前功盡棄，白白浪費力氣。

對於任何一位員工來說，有始無終的工作惡習，最具破壞性，也最具危險性。它會啃蝕你的進取之心，它會使你與成功失之交臂，這不得不說是一個巨大的遺憾。

而一個人一旦養成了有始無終、半途而廢的壞習慣，他永遠不可能出色地完成任何任務。這時他也許會運用一些小伎倆來蒙混過關，欺騙老闆。可惜，比起過程更注重結果的老闆很少會受騙。

如果你有能力，業績卻遠遠落後於他人，不要疑惑，不要抱怨，問問自己是否將工作進行到底。如果答案是否定的，這就是你無法取勝的原因。對於任何一件工作，要麼乾脆別動手，要麼就有始有終，徹底完成。有一句話說得好，「笑到最後的，才是贏家。」

有些習慣看似微不足道，實則十分重要。不加注意，就會使你的努力付之東流。

腳踏實地做好每一件事情

腳踏實地的良好習慣，應該是今天我們大多數人需要努力去培養的。看那些在事業上取得成就的人，無一不是在簡單的工作和低微的職位上一步步走上來的。他們總能在一些細小的事情中找到個人成長的起點，不斷地調整自己的心態，用恆久的努力打破困境，走向卓越與偉大。

道理如此，可是事實又如何呢？

無知與眼高手低成了我們許多人最常犯的錯誤，也是導致頻繁失敗的原因。許多人內心充滿了理想與熱情，然而一旦面對平凡的生活和瑣碎的工作，都變得無可奈何了；他們常常聚在一起高談闊論，然而一旦面對具體的問題，都變得不知所措了。

　　現在許多人在求職時，念念不忘高薪、管理職，並且對自己說：「英雄需要有用武之地。」然而當他們在新的職位上工作一段時間之後，又變得浮躁起來，厭倦起現在的工作，就對自己說：「如此枯燥、乏味的工作，如此毫無前途的事業，根本不值得自己付出心血。」當他們遭遇困境之時，通常會說：「這樣平庸的工作，做得再好又有什麼意義呢？不如趁早放棄，跳槽他處。」於是，漸漸地他們就開始輕視自己的工作，一遍一遍地演繹著之前的事情。

　　一位成功的老前輩告誡我們：「年輕人應該像哥倫布一樣，努力去發現自己的新大陸，沉溺於過去或者陷於對未來的空想是永遠沒有前途的。你正在從事的職業和身邊的工作，是你成功之花的土壤，只有將這些工作做得比別人更完美、更正確，才有可能將尋常變成非凡。」

　　的確，在如今這個沒有什麼職業上的歧視與限制的時代，沒有什麼可以阻止你追求成功。你的工作無論多麼

普通平凡，你的薪水無論多麼微薄，都值得重視。只有努力工作，才能取得成功。

紙上談兵、眼高手低的人，不可能有什麼大作為，這樣的人不願付出真正的努力，總想著天外飛來好運的好事，這無異於痴人說夢、天方夜譚，這也正是為什麼成功者總屬於少數人的原因。

不可否認，許多人心中有遠大的理想，但眼高手低的惡習卻扼殺了一切成功的機會。成功需要腳踏實地，需要用行動去衡量自己的實力，不斷調整自己的方向，一步一步地向目標邁進。

成功需要良好的心態、明確的目標、正確的方法，然而只有腳踏實地採取行動，一切才有意義。因此，必須培養自己腳踏實地的良好習慣，不要讓眼高手低的惡習束縛住你的手腳。重視自己的工作，在工作中每一件事，不論大小，都值得你用心去做，而且對於那些小事更應該如此。

做事有條理、有秩序

一位商業鉅子將「做事沒有條理」列為許多人不能成功的一大重要原因。

工作沒有條理，同時又想把餅做大的人，總會覺得時間不夠。他們認為，只要有足夠的時間，事情就可以辦好。其實你所缺少的，不是更多的時間，而是使工作更有條理、更有效率。由於你辦事不得當、工作沒有計畫、缺乏條理，因而浪費了大量的精力，吃力不討好，最後還是沒有成就。

做事沒有條理、沒有秩序的人，無論做哪一種事業都沒有成功可言。而有條理、有秩序的人即使才能平庸，他的事業也往往有相當大的成就。

一位企業家曾談起了他遇到的兩種人：

有個性急的人，不管你在什麼時候遇見他，他都表現出非常忙碌的樣子。如果要與他談話，他只能拿出數秒鐘的時間；時間長一點，他會伸手把錶看了再看，暗示著他的時間很少。他公司的業務範圍雖然做得很廣，但是開銷更大。究其原因，主要是他在工作安排上雜亂無章，毫無秩序。他做起事來，也常為自己的雜亂所阻礙。結果，他的事務變得一團糟，他的辦公桌簡直就是一個垃圾堆。他經常很忙碌，從來沒有時間整理自己的

東西；即便有時間，他也不知道怎樣去整理、安排。

　　另外有一個人，與上述那個人恰恰相反。他從來不顯出忙碌的樣子，做事非常鎮靜，總是很平靜祥和。別人不論有什麼難事與他商談，他總是彬彬有禮。在他的公司裡，所有員工都寂靜無聲地埋頭工作，各種東西排放得有條不紊，各種事務安排得恰到好處。他每晚都要整理自己的辦公桌，對於重要的信件立即就回覆，並且把信件整理得井井有條。儘管他經營的規模要大過前面那位，但別人從外表上完全看不出他有一絲一毫慌亂。他做起事來樣樣處理得清清楚楚，他那富有條理、講求秩序的作風，影響到他整個公司。於是，他的每一個員工，做起事來也都極有秩序，一派生機盎然之象。

　　你工作有秩序，處理事務有條有理，在辦公室裡絕不會浪費時間，不會擾亂自己的神志，辦事效率也極高。從這個角度來看，你的時間也一定很充足，你的事業也必能依照預定的計畫去進行。

　　唯有那些做事有秩序、有條理的人，才會成功。而那種頭腦昏亂，做事沒有秩序、沒有條理的人，成功永遠都將與他擦肩而過。

把 80 ／ 20 法則運用於每一件事

80 ／ 20 法則是所有時間與生活管理概念中最有用的法則之一。這一法則是義大利經濟學家維爾弗雷多·帕雷托（Vilfredo Pareto）奠定的，他在 1895 年首次提出這一法則。這一法則也被稱作「帕雷托法則」。

帕雷托注意到，在他所在的那個社會中，人自然地分成「重要的少數」（以金錢和社會影響力來衡量的上層社會優秀分子，占 20%）和「不重要的多數」（底層的 80%）。

他後來發現，實際上所有的經濟活動都服從這個帕雷托法則。例如，這一法則說，你 20% 活動獲得的成果在你所有成果中占 80%，你 20% 的客戶占你 80% 的銷售量，你 20% 的產品或服務占你 80% 的利潤，你 20% 的任務占你 80% 的價值等等。這就是說，如果你列出十項要做的工作，其中兩項的價值等於或可能超過其餘八項價值加起來的總和。

這是一項令人感興趣的發現。這些任務可能要花同樣多的時間去完成，但是，這些任務中的一項或兩項，其價值是其餘任何一項任務的五倍或十倍。

在清單列出的你必須做的十項任務中，有一項任務的價值，常常比其餘九項任務加起來的價值還高，這個任務就是你應當首先完成的任務。

你能猜出一般人最容易拖延的是什麼任務嗎？令人意想不到的事實是，大部分人拖延清單上的 10% 或 20% 的項目，往往是最有價值和最重要的，是「重要的少數」。他們忙碌的是反而不怎麼重要的 80%，即對結果沒有多大影響的「不重要的多數」。

　　你常常能看到有些人似乎整天都很忙碌，但成效甚少，這是因為他們忙碌的是一些低價值的任務，但卻拖延一、兩項可能會對他們的公司或事業產生真正重大影響的活動。

　　你每天所能完成最重要的任務往往是最艱難和最複雜的任務，但是，圓滿完成這些任務的回報是巨大的。正因為如此，如果你還有最上面 20% 的工作還沒有完成的話，你必須堅定不移地拒絕做最下面的 80% 工作。

　　你在開始工作之前，首先要問一問自己：「這項工作屬於最上面的 20% 嗎？」

　　請記住，不管你選擇先做什麼事情，久而久之都會成為一種很難改的習慣。如果你選擇每天一開始先做低價值的工作，你很快就會養成先做低價值工作的習慣，這不該是你希望養成或保持的習慣。

　　一開始就做重要工作中最艱難的部分。一旦你實際開始做重要的工作，你就會很自然地有興趣繼續做下去，

你就會喜歡忙於可以真正取得效果的重要工作。應當不斷地加強這種樂意做重要工作的意識。

只要想一想開始和完成一項重要的工作，就能給你動力，並幫助你戰勝拖延。事實上，完成一項重要工作所需的時間往往跟完成一項不重要的工作所需的時間是一樣的，差別在於你完成重要和有意義的工作能獲得很大的成就感和滿足感。然而，當你完成一項低價值的工作時，雖然用了與完成一項重要工作相同的時間與精力，但你得到的滿足感卻很小或根本得不到滿足感。

時間管理實際上是生活管理、個人管理，其實就是控制事件發生的順序。時間管理就是把握你下一步要做什麼。你總是可以自由選擇下一步將要做的工作。你在重要和不重要的工作之間進行選擇的能力，是你在生活和工作中能否獲得成功的重要因素。

工作卓有成效和富有成果的人，總是鍛鍊自己先開始做擺在他們面前的最重要工作。他們強制自己先做最重要的工作，不管那是什麼樣的工作。結果，他們獲得的成就比普通人大得多，因此也比普通人快樂得多。這也應當成為你的工作方法。

不斷地實踐 ABCDE 方法

ABCDE 方法是一種確定事務輕重緩急秩序的技巧。這一技巧每天都用得著，很簡單，但卻非常有效，它能使你成為你那個領域最有工作效率的人之一。

這一技巧最大的優點在於它簡單實用。它的工作方法是：先列出第二天必須做的事，而後根據所列的內容進行思考。

你要在列出的每一項工作前面標上 A、B、C、D、E，然後開始做第一項工作。

A 級工作是你必須去做的工作，它非常的重要，如果你不做，就會面臨嚴重的後果。諸如完成老闆在即將召開的董事會上要用的報告、拜訪一個關鍵的客戶等，都屬於 A 級工作。這些工作，在你生活中占極其重要的地位。

如果 A 級工作不只一項，你可以分一分輕重緩急，在每一項前面分別標上 A1、A2、A3 等。

B 級工作是你應當做的工作，如果你不去做，後果並不會很嚴重。意思是說，如果你不去做，有人可能會不高興或不舒服，但它絕不像 A 級工作那麼重要。諸如查看你的電子郵件、回一個不重要的電話等，都屬於 B 級工作。這些工作，在你的生活中占次要的地位。

需要提醒的是，你在行動的時候，絕不能犯因小失大的錯誤。如果你還有 A 級工作尚未做完，絕不要花大量的時間去做 B 級工作。

C 級工作是你不做也不會有什麼不良後果，但做了的話會更好的工作。諸如打電話給一個朋友、跟某個同事一起喝咖啡或吃飯、工作之餘與主管閒聊等，都屬於 C 級工作。這些工作，對你的生活影響小甚至沒有影響。

D 級工作是你可以委託別人做的事情。不用自己動手，能委託別人做的事情盡量委託別人去做，這樣你就有更多時間去做更重要的事情。

E 級工作是你可以根本不用管的雞毛蒜皮的事情。這種事情可能曾經是很重要的，但現在跟你或其他人都沒有什麼關係了。你做這類事情往往是出於習慣，或者純粹是因為你喜歡做這類事情。

只要你把這種 ABCDE 方法用到你的工作清單上，你就能井井有條地辦事，並且可以把更多重要的事情做得更快。

要使這種 ABCDE 方法行之有效的關鍵是，你現在要訓練自己立即著手做你的 A 級工作，直到你完成它。運用你的意志力堅持把這項最重要的工作做下去，完成整個工作之前不要停手。

不斷地實踐 ABCDE 方法，開始做之前，在制定計畫和確定輕重緩急順序方面投入更多時間思考；一旦你開始行動，你能做的重要的事情就越多，而且完成事情的速度就越快。

工作不馬虎

公司的發展與每一位員工息息相關，而每位員工所做的有些工作相對於整個公司的發展也許是微不足道的，但就是因為這一些小事，才使得公司能不斷地發展。記住，工作中無小事。

希爾頓飯店的創始人、世界旅館業之王康拉德‧希爾頓（Conrad Hilton）就是一個注重「小事」的人。康拉德‧希爾頓要求他的員工：「大家牢記，千萬不可以把我們心裡的愁雲擺在臉上！無論飯店本身遭到何種困難，希爾頓服務生臉上的微笑永遠是顧客的陽光。」

正是這小小、永遠的微笑，讓希爾頓飯店的身影遍布世界各地。其實，每個人所做的工作，都是由一件件小事構成的。士兵每天所做的工作就是列隊訓練、戰術操練、巡邏、擦拭槍械等小事；飯店的服務生每天的工作就是對顧客微笑、回答顧客的提問、打掃房間、整理床單等小事；你每天所做的可能就是接聽電話、整理報

表、繪製圖紙之類的小事。你是否對此感到厭倦和毫無意義而提不起精神？你是否因此而馬虎，心中有了懈怠之意？這可能就成為你不願意服從的藉口。

請記住：你的工作永遠馬虎不得。要想真正得到老闆的賞識，你就必須把每一件事都做到完美，必須付出你的熱情與努力。

還有一些人因為事小而不願意去做，或抱有一種輕視的態度。

「這麼簡單的事，誰做不到？」這正是這些人的心態。但是，請看看吧，所有的成功者，他們與我們都做著同樣簡單的小事，唯一的區別就是，他們從不認為他們所做的事是簡單的小事。

優秀的員工不是嘴上說說就好，而是他們真正地一點點做出來的。正是對一些小事情的處理方式，已經昭示了成功的必然。無論是什麼樣的事情，要想做好，都要求我們必須具備鍥而不捨的精神，堅持到底的信念，腳踏實地的務實態度，以及自動自發的責任心。小事如此，大事亦然。

所以說，在企業裡，要想做一個「明星員工」，其實很簡單，那就是努力地把工作中的每一件小事都做好，千萬不可馬虎，這是獲得升遷最好的途徑之一。

老闆要 80 分，你交出 100 分

有許多老闆在把工作交給員工之前，總會提出一堆問題。表面上看來，這是老闆的小心謹慎，實際上，是因為令他們信賴的員工實在太少了。

現在自動自發的人越來越少了，許多人寧願保持平庸的現狀。如果你決心要成功，你就必須盡職盡責地走自己的路。如果你總是把老闆交代的工作當成為自己做的工作，在嚴格的自我要求下完善每一個細節，就算老闆要求 80 分，你也盡力做到 100 分，那麼你必定會取得很高的成就，贏得老闆的欣賞，受到重用。

在一家皮毛銷售公司，老闆吩咐三個員工去做同一件事：去供應商那裡調查一下皮毛的數量、價格和品質。第一個員工 15 分鐘後就回來了，他並沒有親自去調查，而是向同事打聽了一下供應商的情況就回來匯報。第二個員工 30 分鐘後回來匯報，他親自到供應商那裡了解了皮毛的數量、價格和品質。第三個員工 190 分鐘後才回來匯報，原來他不但親自到供應商那裡了解了皮毛的數量、價格和品質，而且根據公司的採購需求，將供應商那裡最有價值的商品做了詳細紀錄，並且和供應商的銷售經理取得了聯繫。在返回公司途中，他還去了另外兩家供應商那裡了解皮毛的商業資訊，將三家供應商的情

況作了詳細的比較，制定出了最佳方案。

第一個員工只是敷衍了事，草率應付；第二個員工充其量只能算是被動聽命；真正盡職盡責行事的只有第三個。想一想，如果你是老闆你會僱用哪一個？你會賞識哪一個？如果要加薪、升遷，身為老闆更願意把機會留給誰？

如果你想做一個成功的、值得老闆信任的員工，你就必須盡量追求精確和完美，努力達到 100 分。一絲不苟、兢兢業業地對待自己的工作是成功者必備的品格。

「老闆要求 80 分，你交出 100 分」，要做到如此盡職盡責，你應該在工作中努力做到以下幾點：

- **持之以恆地工作**：盡職盡責地工作需要持之以恆，功虧一簣的事情在這個世界上太多了。

  無論做什麼工作，都要能靜下心來，腳踏實地去做。只要你的努力是持之以恆的，把時間花在什麼地方，就自然而然會有所成就。這是非常簡單卻又實在的道理。可是，許多員工還是三天打魚，兩天晒網，結果老闆要求 80 分，他們永遠也不可能達到。有些工作雖然有難度，但如果你認真地、盡心盡力地去做，工作會讓你獲得快樂，獲得交出 100 分的喜悅。

- **把老闆交代的工作當成自己的工作**：職場中的成功者

與被遺棄者，他們最大的區別，就是「敬業精神」。
也許你認為這不過是陳腔濫調，但卻是事實。現代員
工普遍缺乏敬業精神，動不動就用「這不關我的事」
來推託，讓老闆苦惱而無助。

一位老闆對此說道：「公司現在每年都會進行績效評
比，將每個部門每一位員工進行排名，績效排在最後
20％的人，就可能會面臨被裁員的命運。但是，就我
觀察，被刷掉的往往是有一定資歷的人，因為他們的
行事作風太過利己主義了。」

一位員工若想得到老闆的賞識，最重要的就是讓老闆
對他有信心，而信心從哪裡來，就是將老闆交代的工
作當成為自己做的工作，老闆要 80 分，而你卻做到
100 分，超越老闆對你的期待，他自然對你信心十足。

- **追求卓越，打從心底決定做第一**：許多老闆將下屬
  分成三類：「先知先覺」、「後知後覺」與「不知不
  覺」。他們認為最後一類「不知不覺」的被取代性
  最高，因為公司交代多少事，他就做多少，甚至敷衍
  了事，像上例中的第一位員工。

同樣地，以此類推，第二位員工即為「後知後覺」，
第三位員工即為「先知先覺」。三者的差別是，同樣
一件事，「不知不覺」者只能做到 60 分，「後知後

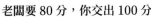

覺」者能做到 80 分，而「先知先覺」者則會盡力爭取 100 分。三者的差別，存乎一念之間，那就是對工作的敬業程度。

「超越平庸，選擇卓越。」這是一句值得每個人銘記一生的格言。如果你是一位渴望得到重用的員工，如果你希望讓你的老闆覺得你無可取代，一定要從內心決定做第一，做「先知先覺」者。這樣在你的意識中就會有信心做到 100 分，你的性格也才會真正成熟圓融，你將因此而出類拔萃。

第三章　不找藉口，努力達成目標

第三章
不找藉口，努力達成目標

「最優秀的員工是像凱撒一樣拒絕任何藉口的英雄。」藉口是失敗者無聊的自我安慰，它會讓你失去挑戰的勇氣，讓你意志消沉，喪失積極的工作心態。不找任何藉口，當你把全部的精力傾心投注到一項偉大的目標時，你就會擁有巨大的力量，任何困難都將無法阻擋你取得成功。

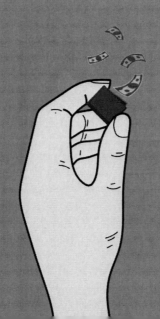

莫為逃避找藉口

「報告長官，沒有任何藉口！」這是西點軍校裡最著名的一句話，正是在「絕不尋找藉口」這一理念的指導下，西點軍校才能成為美國將軍的搖籃。同樣，在美國某公司的新進員工錄用通知單上印有這樣一句話：「最優秀的員工是像凱撒一樣拒絕任何藉口的英雄。」

是的，在西點軍校，找藉口是無能士兵的託辭。同樣地，在企業裡，找藉口也是平庸員工的託辭。

那些喜歡發牢騷、抱怨不幸的人曾經都有過夢想，卻始終無法實現。為什麼呢？因為他們懼怕挑戰，懼怕承擔責任，總是尋找各種藉口來推託，許多實現自我價值的大好時機就喪失在這些藉口之中。

那些認為自己缺乏機會的人，往往是在為失敗尋找藉口。成功者不善於也不需要編造任何藉口，因為他們能為自己的行為和目標負責，也能享受自己努力的成果。

想想看，藉口能帶給你什麼？藉口或許有那麼一丁點的好處：失敗時的自我安慰，也許這會讓你心裡感覺舒服一些；當你面對困難時，藉口可以為預想中的失敗做好保全面子的心理準備。但你可曾想過，為什麼有那麼多失敗等著你？為什麼幸運女神不會垂青於你？就是因為你有太多太多的藉口存在。

藉口能帶給你安慰，但它是虛假的。藉口能為你留下退路，但那只不過是個陷阱，它會讓你失去挑戰的勇氣，意志消沉，喪失積極的工作心態。愛找藉口的員工，使得藉口的浮華不實遮掩了他們的聰明才智，為他們的職涯發展蒙上了一層陰影。

　　所以，從現在開始你必須學會不找藉口，因為當一個人把他的全部精力傾心投注到一項偉大的目標時，他才會產生出巨大的力量來，任何困難都將無法阻擋他取得成功。

能力比抱怨重要得多

　　工作中，許多員工總是在想自己「應該要什麼」，抱怨自己「沒有得到什麼」，卻從不問自己「獲得之前還缺乏什麼，應該付出什麼，做得夠不夠。」抱怨者總是讓自己的心情更加沮喪，他們也總是把責任推給別人，看不到自己的錯誤和不足。抱怨成了推託的藉口，於是在抱怨中喪失了許多成功的機會，遠遠地落在別人的身後。

　　事實上，許多抱怨並非來自工作本身，而是源於自己的思想。比如說，能力不被重視是許多上班族遇到的煩心事，他們總覺得自己有足夠的能力，可以擔當大任，

卻只能處在公司的最底層，做些無所謂的工作。越是這麼想，對工作就越提不起勁。

再比如，當公司指派你一項工作，並設定了你自認為是不合理的期限要求時，通常你會感到緊張，進而去向他人不斷地抱怨或是訴苦。因為，你認為要在這個期限內完成，自己將要花更多的時間和心血，而且還不一定有成果。結果，當公司要求你在兩個小時內起草一份報告，你光抱怨滿腹的牢騷就足足花了一個小時，在怒氣平息後才意識到接下來期限更短的工作更難完成了。

你發洩著不滿，卻很難確定能解決什麼，但有一點是肯定的：你的抱怨不僅會使你越來越累，還會讓聽的人覺得疲憊不堪。

長期的抱怨導致員工對企業更加不忠誠，也使他們陷入一種無法自拔的低迷情緒中。因為習慣抱怨，許多員工抵擋不住更多機會的誘惑，或者不能承受企業暫時的困境，所以採取消極抵抗或者另謀出路。

有一點我們必須要知道：抱怨於事無補，並且只會讓事情變得更糟。那些喜歡終日抱怨的人，即使獨立創業，也無法改變這種惡習，更沒有辦法獲得成功。

如果一個員工忠誠、敬業並有毫不抱怨的精神，就一定會被信任並委以重任，即使他受僱於他人，也同樣能夠成就自己的事業。

事實上，若想在工作中擁有一份好心情，你就要杜絕你那滿腹牢騷的行為，在平時透過積極努力的工作去化解抱怨。當接到棘手的工作，或你的工作被設定了緊急的最後期限時，應深吸一口氣就立刻去工作。這樣情況就不同了，你避免了把時間浪費在抱怨上，又避免了消極的抱怨影響你的工作心態，那麼相信你一定能把工作做好。

　　或者，你把這艱難的工作看做是對自己的一個挑戰，測試一下自己的能力。即使是無法按時完成工作，只要你盡力了，也是成功的。

　　其實，反過來想想，當你為你的老闆工作時，往往會認為老闆太苛刻；而有朝一日自己成為老闆時，你就會發現員工缺乏積極性。換言之，什麼都沒有改變，改變的只是看待問題的角度。

屏棄「依賴別人」的藉口

　　「依賴別人」是許多員工在工作中的一種「藉口」，他們或許是因為懶惰，或許是因為懼怕，也或許是因為某些其他的原因，致使他們無法產生積極工作上的精神。如果再稍稍遭遇一點挫折，他們就更會一蹶不振。

　　如果你不能放棄和拒絕上面的這種藉口，你將無法超

越自我。期待別人的承認、獲得他們的贊同、樂於得到表揚，這本是人之常情。但如果你不能正確地看待別人的意見的話，在你通往成功的道路上，必然會布滿荊棘。

你必須拒絕任何藉口，把自己的工作做好，才可能有所進步。你必須表明你與別人相處得很融洽，你必須證明你是一個有用之材。為了更好地在這個世界上前進而去尋求別人的贊同，確實是有益於身心健康並令人愉快的。不過，無論你做什麼事情，你其實隨時都有可能與人意見相左，沒有誰能總是令周圍的每一個人都感到滿意。如果你不斷試圖取悅於人，那麼你將失去自己真正的個性；如果你過於依賴他人的贊同，那麼你也就是將自己交付給了那些期望得到他們贊同的人，讓自己受到別人的支配；如果你把別人的意見或者信念看得比自己更重要，其結果也會跟上述的一樣。你讓別人來支配你，使自己陷入了被動的境地。

一味期待他人的贊同和承認，就是為自己留下了依賴別人的藉口。別人一句「好的」這一簡明的告誡，無非是意味著「照我告訴你的去做。」這樣的結果是，自己成為了遵從者而不是決策人；而遵從者一向把別人的支配當成一種生活方式。

如果關於是否依賴你自己也沒有把握，看了上面所述，你也許會惶惶不安，不妨看看下面的問題，它們將對你有所幫助。你將認識到自己是否真正地擺脫了對他人贊同的依賴，是否拒絕了這類依賴別人的藉口。

・你總是任由他人影響你的情緒嗎？

　　A. 如果某人不贊成你，你感到沮喪嗎？

　　B. 如果某人不注意你或你的成果，你感到憤怒嗎？

　　C. 如果某人不同意你的意見，你感到受到威脅嗎？

・你經常在不需要道歉的時候道歉嗎？

　　A. 當你問路時，你用「很抱歉，請問......」這類話開頭嗎？

　　B. 在一次談話或者會議上，你喜歡用類似下面的開場白嗎？如：「當然，我沒有權力對這件事做決定」；「當然，我不願引起任何人的不安」......。

・你傾向於讓別人顯得比你自己更重要嗎？

　　A. 你很容易因為一個粗魯的商人的恐嚇而買下你其實並不喜歡的東西嗎？

B. 你容易被人說服去承擔自己並不喜歡的工作或責任嗎？

C. 你常認為某人比你更適合做某項工作嗎？

‧ 你是否允許別人貶低你和你的努力嗎？例如：

A.「哼，他正在四處跟人說他將取得碩士學位，有什麼了不起！」

B.「他的願望將永遠不會實現，讓他做夢去吧！」

C.「你們這些演員都一個樣，小題大作。」

仔細思索一下上述問題，並想想偉恩‧戴爾博士（Wayne Walter Dyer）針對那些為了尋求別人的贊同而神經質，並尋找藉口、自找臺階下的人所說的話：

「這些人認為：只要別人是認真負責的，而自己又不可能改變個性，那就不必冒任何風險。因此，他們把尋求別人的贊同作為自己的一種生活方式，這會使得這些人在自己的一生中安安穩穩地避免任何冒險行動，強化他們頭腦中那種別人必須照料自己的觀念，進而使他們回到自己被人懷抱、保護和指使的孩提時代。」

假如你想做一個有責任心，不找任何藉口的優秀員工，你不妨這樣做：一旦你決心克服掉自找臺階下以尋

求別人贊同的習慣，你就應當從一些簡單的調整開始，逐步改變善於為自己找藉口的習慣。

1. 寫下你用「對不起」作為話語的開頭的頻率。

2. 寫下你用「我這麼說對嗎？」或「你同意嗎？」作為談話的結尾的頻率。

3. 避免參考任何人的意見來為自己辯護。

4. 承認如下事實：你不可能在任何時候都使每一個人愉快，要學會在非難中生活。

5. 學會依靠自己作出判斷。例如在買衣服、選擇家具的時候，或者在對一些重要問題做決定的時候。

「過去」不應成為理由

有些人常把「如果」、「假如」一類的詞掛在自己的嘴邊，於是過去的一切都成為他們的託辭。美國某位成功學大師說：「最糟糕的習慣就是向下看，向後看，同時為自己留下了退步的藉口。」

不管你是誰，做任何事情，尤其是發展自己的強項的時候，都不能局限於現在，更不能局限於過去，要把目光落在高處，放在遠處。

在大航海時代，曾經有一位第一次出海的年輕水手。當船在北大西洋遇上暴風雨的時候，他受命爬上高處去調整風帆使它適應風向。在他向上攀登的時候，他犯了個錯誤──低頭向下看。顛簸不定的船和波濤洶湧的海浪使他非常恐懼，他開始失去平衡。正在這時，一位極富經驗的水手在下面向他大喊：「向上看！孩子，向上看！」這個年輕的水手按照他說的話做了以後，又重新取得平衡。

當你遇到了一些很糟糕的狀況時，你應該檢視自己的思想，是否站錯了角度。當你看著太陽的時候，你不會看見陰影。向後看只會使你喪失信心，向前看才會使你充滿自信。當前景不太光明的時候，試著向上看──那裡總是好的，你一定會獲得成功！

要記住，困難只是暫時的，只看見當下的痛苦難以掌握多變的未來。

大多數人在做決定時都只考慮眼前而不考慮未來，結果沒有得到快樂卻只感覺到痛苦。事實上，人世間一切有意義的事業若想成功，那就必須忍受暫時的痛苦。你必須熬過眼前的恐怖和誘惑，按照自己的價值觀或標準而將眼光放在未來。本來沒有什麼事會讓我們痛苦，真正使我們痛苦的是對於痛苦的恐懼。

法國哲學家蒙田（Michel de Montaigne）說：「如果結果是痛苦的話，我會竭力避開眼前的快樂；若結果是快樂的話，我會百般忍耐暫時的痛苦。」

上帝給你的一切是要你好好利用而不是浪費。如果你確實能做到向前看，願意奮力去做，在知道什麼方法有效後，能適時調整做法，並好好運用上天給你的天賦，那麼人生就沒有任何做不到的事。

一次次的失敗在智者看來代表的只是過去，失敗會成為他成功的「藉口」。對於任何人、任何員工來說，要想獲得成功，就必須向前看。

成功和失敗都不是一夕之間造成的，而是一步一步累積的結果。決定幫自己制定更高的追求目標，決定掌握自我而不受制於環境，決定把眼光放遠，決定採取何種行動，決定繼續堅持下去 —— 這一系列的決定做得好，你便能成功；做得不好，你便會失敗。

沒有萬事俱備的時候

生活中，我們常常會遇到這樣的情況，有人準備進行某項工作，可是過了許久也沒有任何行動，問他在做什麼，他會告訴你：「我還沒有準備好呢！」乍聽之下好似積極的回答，實質上卻是拖延時間的藉口。準備是必要的，但必須明白「沒有萬事俱備的時候」。下面這則生活中的小故事生動地說明了這一問題。

一天，6歲的小男孩外出玩耍，發現了一隻嗷嗷待哺的小麻雀。他決定帶回家飼養。走到家門口，忽然想起未經媽媽允許。他便把小麻雀放在門後，進屋請求媽媽。在他的苦苦哀求下，媽媽答應了。但是，當小男孩興奮地跑到門後時，小麻雀已不見了，看到的是一隻意猶未盡的黑貓。

由此可見，「萬事俱備」固然可以降低你的出錯率，但致命的是，它也會讓你失去成功的機會。企盼「萬事俱備」後再行動，你的工作也許永遠沒有「開始」。世間永遠沒有絕對完美的事，「萬事俱備」只不過是「永遠不可能做到」的代名詞。

所以，不管從事什麼行業，當老闆交給你某項工作後，抓住這項工作的要領，當機立斷，立即行動，只有這樣，成功才會最大限度地垂青於你。

然而，往往在事情到來時，總是積極的想法先有，然後頭腦中就會冒出「我應該先 ......」，這樣一來，你的一隻腳已陷入了「萬事俱備」的泥淖。一旦陷入，結果就很難說了。你顧慮重重、不知所措、無法定奪何時開始 ...... 時間一分一秒地浪費了，你陷入失望的情緒裡，最終只有以懊悔的心情面對仍懸而未決的工作。

　　很多時候，你若立即直奔工作的主題，會驚訝地發現，如果拿浪費在「萬事俱備」上的時間和能力去處理手中的工作，往往綽綽有餘。而且，許多事情你如果立即動手去做，就會感到快樂、有趣，增加成功的機率。

　　有人譏諷地批評，說做事奢求「萬事俱備」的人，是最容易被失敗俘虜的人。從某種意義上來說，「萬事俱備」還是個「竊賊」，它會竊取你寶貴的時間和機會，讓你的工作不能迅速、準確、及時地完成，進而毀掉你受老闆賞識的機會。

　　你如果希望自己能以「積極者」的形象示人，在老闆心中的地位能步步高昇，趕快鞭策自己擺脫「萬事俱備」的桎梏，即刻去做手中的工作吧。只有「立即行動」，才能阻止「萬事俱備」的「危害」，把你從「萬事俱備」的迷思中拯救出來。

　　一旦你成為做事迅捷的人，你也就成為老闆心中的一塊「寶」。因為對於凡事立即行動的人，老闆在安排工

作之餘，無須再辛苦地鞭策督促。

　　立即行動吧。這種態度還會消除準備工作中一些看似可怕的困難與阻礙，引領你更快地抵達成功的彼岸。

最理想的任務完成期是昨天

　　身為一名獨立的員工，任何時候都不要自作聰明地安排工作，期望工作的完成期限會按照你的計畫而延後。成功的人士都會謹記工作期限，並清楚地明白，在所有老闆的心目中，最理想的任務完成日期是：昨天。這一看似荒謬的要求，是保持恆久競爭力不可或缺的因素，也是唯一不會過時的東西。一個總能在「昨天」完成工作的員工，永遠是成功的。其所具有的不可估量的價值，將會征服任何一個老闆。

　　特別在二十一世紀的今天，商業環境的節奏，正在以令人目眩的速度快速運轉著，大至企業，小至員工，想要立於不敗之地，都必須奉行「把工作完成在昨天」的工作理念。身為一名老闆，百分之百是「心急」的人，為了生存，他們恨不能充分地利用每一分鐘。所以，要老闆白費時間等你的工作結果，比浪費金錢更叫他心痛，因為失去一分鐘，在那一分鐘內能想到的業務計畫，可能價值連城。

某公司老闆要赴海外出差，而且要在一個國際性的商務會議上發表演說。他身邊的幾名員工要負責把他出國出差所需的各種物品都準備妥當，包括演講稿在內，自然是忙得頭昏眼花。

　　在該老闆赴海外的那天早晨，各部門主管也去送行。有人問其中一個部門主管：「你負責的文件打好了沒有？」

　　對方睜著惺忪睡眼，說：「今早我工作到了兩點，實在忍不住就去睡了。反正我負責的文件是以英文撰寫的，老闆看不懂英文，在飛機上不可能再讀一遍。等他上飛機後，我回公司去把文件打好，再以電子郵件傳去就可以了。」

　　誰知老闆駕到，第一件事就問這位主管：「你負責準備的那份文件和資料呢？」這位主管按他的想法回答了老闆。老闆聞言，臉色大變：「怎麼會這樣？我已計劃好利用在飛機上的時間，與同行的外籍顧問討論一下自己的報告和資料，別白白浪費坐飛機的時間呢！」

　　天哪！這位主管的臉色一片慘白。

　　平心而論，沒有哪個不講效率者能成為老闆，也沒有哪個老闆，能長期容忍辦事拖沓的員工。你若想在職場中一帆風順、炙手可熱，最實際的方法，就是滿足老闆的期望，讓手中的工作在「昨天」完成。

也就是，對老闆交代的工作，要在第一時間內進行處理，想辦法讓工作早點瓜熟蒂落，讓老闆放心。

成功存在於「把工作完成在昨天」的速度之中，正如未來的橡樹，包合在橡樹的果實裡一樣。如果每次老闆的吩咐都能獲得儘快處理，你必會成為最能讓他開心的人。

勇於挑戰「不可能完成」的工作

那些喜歡以「不可能完成」為藉口推託工作的人，不可能得到老闆的賞識和同事的尊敬。因為他們懼怕挑戰，懼怕承擔責任，他們對自己沒有信心，許多發展自我的大好機會也就喪失在「不可能完成」的藉口之中。

勇於向「不可能完成」的工作挑戰的精神，是獲得成功的基礎。職場之中，很多人雖然頗有才學，具備種種獲得老闆賞識的能力，但是卻有個致命弱點：缺乏挑戰的勇氣，只願做職場中謹小慎微的「安全專家」。對不時出現的那些異常困難的工作，不敢主動發起「進攻」。一躲再躲，恨不能避到天涯海角。他們認為：若想保住工作，就要保持熟悉的一切，對於那些頗有難度的事情，還是躲遠一些好，否則，就有可能被撞得頭破血流。結果，終其一生，也只能從事一些平庸的工作。

有句名言：「一個人的思想決定一個人的命運。」不敢向高難度的工作挑戰，是對自己的潛能畫地為牢，只能使自己無限的潛能化為有限的成就。與此同時，愚昧的認知會使你的天賦減弱，因為你懦夫一樣的所作所為，不配擁有這樣的能力。

　　「職場勇士」與「職場懦夫」，在老闆心目中的地位有天壤之別，根本無法並駕齊驅、相提並論。一位老闆描述自己心目中的理想員工時說：「我們所急需的人才，是有奮鬥進取精神，勇於向『不可能完成』的工作挑戰的人。」具有諷刺意味的是，世界上到處都是謹小慎微、滿足現狀、懼怕未知與挑戰的人，而勇於向「不可能完成」的工作挑戰的員工，猶如稀有動物一樣，始終供不應求。

　　在如此失衡的市場環境中，如果你是一個「安全專家」，不敢向「不可能完成」的工作挑戰，那麼，在與「職場勇士」的競爭中，永遠不要奢望得到老闆的垂青。當你萬分羨慕那些有著傑出表現的同事，羨慕他們深得老闆器重並被委以重任時，那麼，你一定要明白，他們的成功絕不是偶然的。

　　他們之所以成功，得到老闆青睞，很大程度上取決於他們勇於挑戰「不可能完成」的工作。在複雜的職場中，正是秉持這一原則，他們磨礪生存的利器，不斷力爭上游，才能脫穎而出。

第四章　不問薪水，沒人會虧待你

第四章
不問薪水，沒人會虧待你

不只為薪水而工作，工作將回報你更多。如果一直努力工作，不斷進步，你將獲得一份美好的人生紀錄，並使自己獲得大量的知識與經驗，這將伴隨你一生，為你贏來無數財富。

做一個不為薪水工作的職員

現實生活中，大多數人都會選擇薪水比較多的工作，而不去選擇適合自己、能發揮自己聰明才智但薪水相對較低的工作。他們工作完全是為了薪水，而不是為了展現自我的價值。

在他們的眼裡，薪水成了衡量自己身價的標準，他們為工作作出了一條簡單的定義：我為公司工作，公司付給我同樣價值的報酬，等價交換。他們絕對不會為公司多做一點點。在他們的眼中，薪水就是一切，學生時代曾經的夢想之花早已凋零。他們只知向老闆索取高薪，卻不知自己能做些什麼，更不懂得從小事做起、腳踏實地地前行。

只為薪水而工作的人，他們缺乏更高的目標和更強勁的動力，也讓職場中出現了種種不正常的現象。

· **應付工作**：他們覺得自己富有學識，應該得到一份豐厚的薪水，但未能如願，於是他們就以敷衍卸責來報復。他們工作時缺乏信心，缺乏熱情，他們以應付的姿態對待一切，能偷懶就偷懶，能逃避就逃避，他們以此來表示對老闆的抱怨。他們工作僅僅就是為了對得起這份薪水，而從來沒想過這會與自己的前途有何關係，他們也不會考慮老闆對此有何感受。

- **到處兼職**：為了補償心裡的不滿足，他們到處兼職，一人身兼二職、三職，甚至數職，長期處於疲勞狀態，工作不出色，能力也無法提高，最終謀生的路越走越窄。

- **時時準備跳槽**：他們抱有這樣的想法：現在的工作只是跳板，隨時準備著跳到薪水更好的公司。但事實上，很大一部分人不但沒有越跳越高，反而因為頻繁地換工作，公司因怕洩漏機密等原因，不敢對他們委以重任。由於他們過於熱衷「跳槽」，對工作三心二意，很容易失去主管的信任。

所以，一個人只為薪水而工作，把工作當成解決麵包問題的一種手段，而缺乏更高遠的目光，最後只能被淘汰。在斤斤計較薪水的同時，生活因此陷入平庸之中，也不可能找到人生中真正的成就感。

不要做一個為薪水而工作的員工。工作雖是為了生計，但是，透過工作，自我的價值得以展現，比什麼都重要。假如工作僅僅為了餬口，你的生命價值將因此而大打折扣。

你的目標不要只局限於滿足生計，而應該要有更高的追求。千萬別對自己說，工作就是為了賺錢。你要看到比薪水更高的目標。

機會比薪水更重要

工作不必太計較薪水的多少，我們要看到比薪水更高的目標。工作本身所給予我們的報酬，如發展我們的技能，增加我們的經驗，使我們的人格為人尊敬等等，都比追求薪水有意義得多。

雇主所交付給我們的工作可以發展我們的才能，所以，工作本身就是我們人格品性的有效訓練工具，而企業就是我們生活中的學校。有益的工作能使人豐富思想，增長智慧。

如果一個人工作只是為了薪水，而沒有更高尚的目標，實在不是一種好的選擇。在這個過程中，受害最深的不是別人，而是自己。

根據一個人的工作，就可以看出他的人品。如果他在工作時，能付出努力，認認真真，兢兢業業，那麼無論他的薪水是多麼的微薄，也終有成功的一天。

雇主若只支付給你微薄的薪水，你固然可以不認真工作，可是你應該明白，雇主支付給你工作的報酬雖然只有金錢，但你在工作中所獲得的乃是珍貴的經驗、優良的訓練、才能的表現與品格的樹立，這些東西的價值比金錢要高出千萬倍。

毫無疑問，雇主將根據員工的工作績效決定是否晉升。

每一個管理者，都想得到一個能幹的員工，所以，在工作中努力盡職盡責、自始至終的人，總會有獲得晉升的一天。

有些薪水很微薄的人，忽然被提升到重要的職位上，這看來似乎有點不可思議，其實是因為在拿著微薄薪水的時候，他們就在工作中付出切實的努力，盡職盡責地工作，獲得了充分的經驗，這些便是他們忽然獲得晉升的原因。

生活中，許多人認為他們現在所得的薪水太微薄了，所以竟然連比薪水更重要的東西也都放棄了，他們逃避工作，在工作過程中敷衍了事，發洩他們對雇主的不滿。

如此一來，他們就埋沒了自己的才能，泯滅了自己的創造力，也就使自己可能成就偉大事業的潛能無法獲得發展。為了表示對微薄薪水的不滿，固然可以敷衍了事地工作，但經常這樣做，等於使自己的生命枯萎，使自己的希望斷送，終其一生，只能做一個庸庸碌碌、心胸狹隘的懦夫。

每個人對於自己的職位都應該這樣想：我投身於工作中是為了自己，我也是為了自己而工作；固然，薪水要盡力地多爭取一些，但這並不重要，最重要的是由此獲

得踏進社會的機會，也獲得在社會上取得成功的機會。透過工作中的親身經歷獲得大量的知識與經驗，這將是工作給予你最有價值的報酬。

讓自己為自己加薪

你付出多少你就能收穫多少，如果你想提高你的薪水，你就必須要克服懶惰的習性和屏棄不勞而獲的觀念，也就是說，你必須要勤奮工作。如果你不勤奮，你永遠會站在原來的起點上，不會有任何進展。

洛迪小時候，家裡經營一個農場。有一次，洛迪的父親同時僱用了兩名夥計。兩個月後，洛迪的父親給其中一個夥計提高了近一半的薪水，而另一個夥計的薪水還是老樣子。洛迪問父親：「為什麼會這樣？」父親回答：「因為有一個人工作非常勤奮，而另外一個人則經常偷懶。」這件事對小洛迪啟發很大，當他工作時，他一直勤奮敬業，如今已是一家非常著名公司的經理。

獲取更高的薪酬，是每一個員工的夢想。良好的薪水待遇，不僅意味著個人生活的改善，也是個人價值的一種展現。獲取更高的薪水，固然取決於個人的綜合能力，例如工作能力和工作經驗等，但最主要的是要勤奮工作。只要勤奮工作，薪水自然會提高。

許多薪水不高又遲遲無法加薪的人，總是把過錯歸於老闆，認為他們不知人善任，不關心下屬，但事實上，付出與收獲是成正比的。

　　懶惰成性不會有物質上的收穫，更恐怖的是你會逐漸喪失進取的精神動力。它會逐漸腐蝕一個人的意志，甚至無聲無息。不要指望別人會把好不容易摸索出來的竅門、總結出來的經驗告訴你，你自己必須要勤奮工作，並用心觀察學習別人是怎樣做的。這樣一來，用不了多久，你也會大有收穫。

　　讓我們看一看那些薪水很高的人，他們儘管背景、性格、專長千差萬別，但卻有一個共同的特點，那就是勤奮。正是因為勤奮，他們的能力才得以不斷提升，發展機會也會增多，他們為公司的發展做出了貢獻，他們的薪水也因此得以不斷提高。

　　勤奮能為人帶來成功的快樂，表現在日常工作中，它首先是一種積極向上的人生態度，是企業歷久不衰的重要保證，是員工成材的必經之路，是企業生命與活力的集中表現。與此同時，勤奮需要用誠實的品格來做基礎，需要用精明的技巧來激勵，需要用美好的理想來引導，需要從做小事、做好小事開始。

　　你之所以能到一家公司工作，是老闆在眾多應徵人員中篩選、考核的結果，即是認為你是他需要的人才，並

已相信你的能力。因此，你必須做到勤奮工作，才能對得起老闆和公司。

從表面上來看，勤奮工作的人似乎吃了虧，消極怠工者反倒占了便宜，因為很多時候他們拿的薪水一樣多。但事實上，大多數老闆的眼睛是雪亮的，他們會做到心中有數。

不妨這樣想想，如果你是老闆，你會幫誰加薪呢？答案自然一目瞭然。

養成自動自發的好習慣

那些不論老闆是否在身邊都會努力工作的人，永遠不會被解僱，他們會得到老闆更多的賞識。

如果只在別人注意的時候你才有好的表現，你將永遠達不到成功的巔峰。你應該為自己設定最嚴格的標準，而不是由他人來要求你。

如果老闆對你的期望還沒有你自己的期望高的話，你就無須擔心會不會失去工作，相反地，這只會使你離晉升的日子越來越近。

成功是一種努力的累積，那些一夜成名的人，在他們獲得成功之前，已經默默奮鬥了很長的時間。任何人想要獲得成功，都需要長時間的努力和奮鬥。

要想獲得成功，你必須永遠保持主動率先的精神，哪怕你面對的是多麼令你感到枯燥乏味的工作，主動率先能讓你取得最高的成就。自動自發地工作吧！這是一種引導你走向成功的良好習慣。那些獲得成功的人，正是由於他們用行動證明自己勇於承擔責任而讓人百倍信賴。

　　那些成大事者和平庸的人最大的區別在於，成大事者總是自動自發地工作，而且願意為自己所做的一切承擔責任。想要獲得成功，你就必須勇於對自己的行為負責，沒有人會給你成功的動力，同樣也沒有人可以阻撓你實現成功的願望。

　　「養成自動自發的好習慣吧！它會引導你走向成功。」這是美國著名的作家、出版商、管理學書籍的作者阿爾伯特‧哈伯德（Elbert Hubbard）對我們的告誡。

　　任何一個在公司裡工作的員工都應該相信這一點。從現在就開始行動吧！不要再猶豫，更不要等你找到理想工作的那天，只要你主動一些，一切就會變得美好起來。

　　主動是什麼？主動就是不用別人告訴你，你就可以出色地完成工作。一個優秀的員工應該是一個自動自發工作的人，而一個優秀的管理者則更應該努力培養員工的主動性。

　　主動地去做好一切吧！千萬不要等到你的老闆來催促你，不要做一個墨守成規的員工，不要害怕犯錯，勇

敢一點吧！老闆沒讓你做的事你也一樣可以發揮自己的能力，成功地完成任務。

將敬業意識深植於腦海裡

眾所周知，職業的定義即社會賦予個人的使命與責任，如果把它理解為一種崇高的精神境界也毫不為過，那麼，對於敬業這個詞的解釋就更加容易。

敬業，顧名思義就是尊敬並重視自己的職業，把工作當成私事，對此付出全身心的努力，加上認真負責、一絲不苟的工作態度，即使付出再多的代價也是心甘情願，並能夠克服各種困難做到善始善終。

如果一個人能如此敬業，那麼在他心中一定有一種神奇的力量在支撐著他，這就叫做職業道德。從古至今，職業道德一直是人類工作的行為準則，在世界飛速發展的今天，更是得以發揚光大，並成為成就大事所不可或缺的重要條件。

在競爭如此激烈的現代社會，毫不誇張地說，一個公司的生死存亡，就取決於其員工的敬業程度。只有具備忠於職守的職業道德，才有可能為顧客提供優秀的服務，並能創造出優秀的產品。如果把界定的範圍擴大到以國家為單位，那麼一個國家能否繁榮強大，也取決於

人民是否敬業。例如：身為警察就要為民眾盡職盡責；醫生則應一絲不苟，救死扶傷；政府官員應及時體察民情，為百姓解決實際問題。其實，只要構成社會的每一分子都能做到熱愛工作，那麼這個社會就是一個無堅不摧的群體。

不幸的是，任何行業、任何工作領域裡都會有一部分人，總是在工作中偷懶，不負責任，經常為自己的失職而尋找藉口，並不知悔改，或許在他們的頭腦裡根本沒有對敬業的理解，更不會認為職業是一種神聖的使命吧。

每個人敬業所帶來最直接的結果，當然是公司企業的不斷發展，以及老闆個人財富的不斷增加，但是員工個人所獲得的巨大利益就不能以金錢來衡量了。

當敬業意識深植於我們腦海裡的時候，做起事來就會積極主動，並從中體會到快樂，進而獲得更多的經驗，取得更大的成就。當然，要取得最終的成功還需要長期的努力，不會迅速見效，但如果不具備敬業精神，那也就不會有成功的可能了。工作上的馬虎失職，也許對公司並不會造成嚴重的影響，但長此以往，也就葬送了你的前程。

勤奮努力地工作也許無法得到老闆的重視，但一定會獲得同事的尊敬。得到同事尊敬的同時，你也會獲得更多的自尊心和自信心。

不要為低微的職位和薪水而抱怨，不必為老闆的不賞識而喪失鬥志，只要勤勤懇懇，任勞任怨，不惜投入精力和時間，必定會找到工作的樂趣，得到滿足感和自豪感，並獲得別人的尊重。保持著必將勝利的信心，你會把本職工作做得更加出色。

拋棄「為老闆工作」的觀念

　　要做一個不問薪水、自覺執行的員工，「為老闆工作」的想法必須拋棄。只有確實地改正自己的觀念，才能真正達到目的。

　　擁有「我只不過是在為老闆工作」的想法的人，缺少了許多奮發的動力，在他們看來，工作只是一種簡單的僱傭關係，做多做少、做好做壞，對自己的意義並不大。這樣的人，在安心於一份穩定薪水的同時，失去了許多成功的機會。

　　漢斯和諾恩同在一個工廠裡工作，每當下班的鈴聲響起，諾恩總是第一個換上衣服，衝出廠房，而漢斯則總是最後一個離開，他十分仔細地做完自己的工作，並且在工廠裡走一圈，確認沒有問題後才關上大門。

　　有一天，諾恩和漢斯在酒吧裡喝酒，諾恩對漢斯說：「你讓我們感到很難堪。」

「為什麼？」漢斯有些疑惑不解。

「你讓老闆認為我們不夠努力。」諾恩停頓了一下又說，「要知道，我們不過是在為別人工作。」

「是的，我們是在為老闆工作，但是，也是在為自己而工作。」漢斯的回答十分肯定有力。

但是，大多數人並沒有意識到自己在為他人工作的同時，也是在為自己工作 —— 你不僅為自己賺到養家餬口的薪水，還為自己累積了工作經驗，工作帶給你遠遠超過薪水以外的東西。從某種意義上來說，工作其實是為了自己。

我們常常說努力工作，那麼怎樣才算努力工作呢？努力工作就是盡自己最大的努力把工作做好！努力工作所表現出來的就是認真負責、一絲不苟、善始善終的工作態度。

當你把努力工作變成一種習慣，哪怕一開始並不能為你帶來可觀的收益，但是可以肯定的是，你的收穫永遠比那些缺乏敬業精神、懶散的人好幾十倍。一旦散漫、馬虎、不負責任的做事態度深入到我們的潛意識中，那做任何事都會隨意而為之，其結果自然可想而知。

「我不過是在為別人工作。」這句話中隱藏著的另外一層意思是：「如果我是老闆，我會更加努力。」但是，事實卻並非想像中那麼簡單。

勤奮和敬業並不完全是由於物質的刺激，對金錢的刺激是一種本能的反應，是個人追求最低的層次，更高層次的則是一種自覺執行的精神，一種對事業更深層次的理解。

　　傑克是一位頗有才華的年輕人，但是對待工作總是顯得漫不經心。當別人就此問題和他交流時，他的回答是：「這又不是我的公司，我沒有必要為老闆拚命。如果是我自己的公司，我相信自己會像老闆一樣夜以繼日地工作，甚至會做得比他更好。」

　　一年以後，他離開了原來的公司，自己獨立創業，開辦了一家事務所。「我會很用心地做好它，因為它是我自己的。」傑克堅定地說。

　　有人提醒他注意，對未來可能遭遇的挫折一定要有足夠的心理準備。

　　半年以後，人們又一次得到了傑克的消息，他的公司一個月前關閉了，他重新去為別人工作了。

　　這種結果在意料之中。一開始，許多年輕人都會懷著滿腔熱情，全身心投入其中，但是一遭遇困境，就缺乏足夠的耐心堅持下去。外在的物質利益只能起到短時間的刺激作用，必須養成持之以恆和努力的良好習慣。

一個人的品性是多年行為習慣的結果。行為重複多次以後就會變得不由自主，似乎不費吹灰之力就可以無意識地、反覆做同樣的事情，到後來不這樣做已經不可能了，於是形成了人的品性。因此，一個人的品性受到思考模式和成長經歷的影響，使每個人在人生中可以做出不同的努力，做出善或惡的選擇，最終決定了其未來個性的好壞。

　　一個人身為員工時缺乏忠誠敬業的態度，這種習慣必將影響到他的未來發展，無論他從事何種行業，就算是自己做老闆，這種態度絕不會輕易改變。

　　因此，「如果自己當老闆，我會更努力」的論調只是自欺欺人，是為自己現在的懶散和不負責任尋找藉口罷了。

第五章　同室不操戈，與同事和平相處

第五章
同室不操戈，與同事和平相處

在工作中，能否處理好與同事的關係，會直接影響你的發展。許多人處世很懂得技巧，他們在與同事交往中不須花言巧語，卻能贏得大多數人的喜愛。這些人具有很強的號召力，他們總是態度謙遜，做事從容，應對得體，從不感情用事。

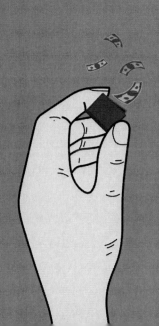

把同事看作是自己的兄弟

工作中，我們與同事的關係如何，首先取決於我們如何看待自己與同事的關係。有些人把周圍的同事看作是自己的競爭對手，與同事相處，處處保持警惕；有些人把周圍的同事當作陌生人，一心只想著把自己的事情做好，就萬事大吉。無論你是視自己的同事為你爭我奪的競爭對手，還是形同陌路的陌生人，你都無法獲得好的人緣、無法擁有輕鬆的工作環境。

要想讓自己與同事融洽相處，你就要把同事視為自己的朋友、自己的兄弟，只有這樣你才能從同事那裡，獲得支持與鼓勵。

當我們進入一個團隊的時候，我們就像新兵一樣被編入了連隊。可能在我們看來，我們每一個人都是這個連隊中獨立的個體；但在別人看來，我們就是一個整體，我們被稱為一個團隊。團隊裡的每一個人都必須站起來為自己的團隊而戰，如果我們失敗了，我們將失掉的是整個團隊的尊嚴、整個團隊的利益。即使我們其中某個人取得了成功，我們也擺脫不了「我們來自一個失敗團隊」的命運。

所以，當你進入一個團隊的時候，其實就已經別無選擇，你是這個團隊的一分子，你有義務為了整個團隊

的利益努力，你就應該把你周圍的同事看作是自己的手足，榮辱與共，互相扶持，互相幫助。

將自己的同事視為自己的手足，不只會讓整個團隊向心力上升，更重要的是會為我們每一個人帶來快樂，會讓我們每一個人更加輕鬆地工作。

當我們已經做到把自己的同事看作是自己手足的時候，我們一定會感到輕鬆了許多。因為手足之間沒有那麼多的「禮數」，也不必遵循那麼多莫須有的「規矩」。我們沒有必要在手足面前矯揉造作，惺惺作態，我們只須展示自己最真實的一面。在這種情況下，人際關係就會簡單許多，我們每一個人的誠懇、體諒、包容，都會使公司裡的氣氛改善許多。

而且對於手足，我們應該給予他們更多的關懷。真心的關懷可以拉近人與人之間的距離，可以為我們帶來更親近的關係，讓我們放鬆緊張的神經。

大大咧咧的福氣

以前提起「大大咧咧」這個詞的時候，給人的感覺常常是帶有貶義的，意思好像就是說，這個人做事情總是清浮散漫，好像什麼也不在乎，沒有一個認真的時候。可是漸漸地，「大大咧咧」這個詞的褒貶發生了變

化，好像成了一個褒義詞，因為大家開始認同，還是
「大大咧咧」的人容易生活得快樂，不和生活沒完沒了
地計較，自然就會輕鬆許多。

不可否認「大大咧咧」很多時候是會誤事的，但「大
大咧咧」還是有「大大咧咧」的福氣。想要在工作中
與同事融洽相處，適當地發揮一下這樣的精神是很有必
要的。

那麼「大大咧咧」究竟是怎樣一種態度？又怎樣才
能把持好這個分寸呢？

簡單地說，「大大咧咧」就是凡事都不宜「斤斤計
較」，不必太計較自己的得失，生活自然就會輕鬆許
多，工作也會因此變得更加開心。

不斤斤計較是一種豁達，豁達的人最受歡迎；不斤斤
計較是一種明智，明智的人不怕吃虧。做「大大咧咧」
不去計較的員工，必須要做到以下幾點：

- **接受別人不願意接受的事情**：工作中，我們常常會有
  意或無意地去比較自己做得是否比別人多，而自己得
  到的是否比別人少。我們常常因為這樣的比較而使自
  己陷入煩惱之中，而且這種煩惱也進而對我們的行為
  產生負面的影響。

做「大大咧咧」的員工，就不會太計較得多得少的問題，既然我們選擇了這份工作，就應該把我們的全部精力傾注到工作中去，如此我們的才能和人格才能得到發揮，我們也才能贏得大家的尊重與認可。工作是大家的工作，比自己的手足多做一點，又有什麼大不了的呢？

對工作中的種種不如意視而不見：舉個最簡單的例子來說，你與麥克很要好，你覺得他是你在公司裡最好的夥伴。但實際上，別人根本沒有把你當朋友，而且還經常在別的同事面前說你的壞話，把你向他抱怨的老闆的「劣跡」轉述給所有的人聽。這件事情被你知道了，但你還是當作不知道的好，因為這件事情只會讓你越想越生氣，所以只當自己幫自己買個教訓就好了，別再誤交朋友，沒有必要與他撕破臉弄得關係緊張。大家一切如昔，你不會因此失去什麼，反而你會因自己的不斤斤計較受到同事歡迎，得到尊重，你會因此而快樂。

對於工作中的種種不如意，我們應該嘗試著視而不見，例如老闆對我們的不公平，有人在我們背後說中傷我們的話，我們在某一件事上吃了多大的虧，這些嚴重干擾我們心情的東西，我們還是「看不到」最好。

君子之交淡如水

　　要想擁有受人歡迎的個性，贏得更多欣賞，就要時刻謹記：「君子之交淡如水」。

　　大家在同一個公司裡工作，彼此之間的交情一定大不相同，親疏遠近自然是存在的，問題的關鍵就在於應該如何處理這「親疏遠近」的關係。

　　我們可以回想一下，平常我們容易對哪些人產生意見？其實我們並不會對誰與誰關係密切，誰與誰關係疏遠而產生什麼異議，因為對於我們自己而言，也存在著和有些人關係比較親近，而和有些人關係比較一般的情況。甚至對於同事中為自己的好友找理由搪塞錯誤，我們也沒有什麼意見，因為誰沒有幾個好朋友幫忙在有事情的時候出來罩著呢？但是當我們發現，這種親疏遠近的關係開始因為共同的利益而擴大，甚至出現了營私舞弊、相互傾軋的時候，我們就開始皺緊眉頭了。

　　這種狀況是一個優秀團隊內部的大忌，甚至可以說是一個團隊瓦解分化的開端，結果就是導致整個團隊的癱瘓。

　　為了避免這樣的事情發生，我們要做的就是控制好與同事之間親疏遠近的關係。我們應該這樣想，無論你與一個同事的關係是親還是疏，這都是你們私人之間的關

係，而這種關係更是工作以外的關係，不應該對你們的工作產生任何影響。

道理雖然很簡單，但實際上人與人之間的感情並非如書面所描述的那般容易控制。儘管你的心裡明明白白地告訴自己：「我絕對不能把私人關係帶到工作中來。」但是更多時候，許多行為都是個人好惡的自然流露，連你自己都感覺不到。那麼，照這樣說來，究竟應該怎麼辦呢？應該控制好親疏遠近的程度，最好的辦法莫過於「君子之交淡如水」。

好朋友的形成和維持都是需要條件的。說得具體一點，要成為好朋友，情投意合固然重要，但是還有一點，那就是兩個人之間不能存在著明顯的利益衝突。兩個存在明顯利益衝突、存在顯性或隱性利益競爭的人，是很難成為好朋友的。即使是已經成為好朋友的兩個人，在面臨明顯的利益衝突和競爭的時候，也常常會使感情陷入僵局。因為人的本性是自私的，誰也逃不掉。

正因為如此，在公司裡還是「君子之交淡如水」的好。因為公司是一個充滿了明顯的競爭和利益衝突的場合，影響和干擾人與人之間親疏遠近關係的因素實在是太多了。好朋友之間太容易出現爭執和裂痕，而這種爭執和裂痕基本上是不可能避免的，就算彼此之間感情再好也一樣。

在公司裡，處理好和每一個人的關係，和志同道合的人不要過於親近，和興趣不合的人也不必橫眉豎目。大家都是在為共同的利益努力，大家彼此支持，互相幫助，這就足夠了。

重視和同事的合作

個人的力量畢竟是有限的，在現代社會中，人們不崇拜「個人英雄主義」，個人單打獨鬥的工作方式也並不適合當前的社會環境；同樣的，你也不會希望自己被隔絕在團隊之外，成為「孤家寡人」吧！那麼你就必須重視和同事之間的合作，善於與同事交流。

為了與同事密切合作完成工作，你需要注意以下幾個方面：

- **積極參與**：在合作中，每個成員都應具有奉獻意識，並有責任做出自己的貢獻。在討論問題時，有人積極主動，有人卻沉默不語，要知道總是做旁觀者無法培養自己獨立的社交能力，無法贏得團隊中其他成員的尊敬。既然你同樣負有對團隊決策的責任，你也應該大膽地表達自己的觀點，積極地參與團隊合作。

- **具備一定的討論能力**：在合作中，你要清楚地表達自己的觀點，並提供支持的理由與根據。同時認真地聆

聽他人的意見，努力了解他人的觀點及其支持的理由。直接對他人提出的觀點做出回答，而不要試圖僅憑三言兩語帶過你自己的觀點。你還可以提一些相關的問題，以便全面地探究目前所討論的主題，然後設法去回答問題。把你的注意力放在互相增加了解上，而不要試圖不計代價地去證明自己觀點的正確性。

- **尊重每一位同事**：同事間的互相尊重是保證合作成功的基本準則。雖然你可能確信你比其他的人都更有知識，但重要的是，你要讓他人充分地表達自己的觀點，而不要隨意打斷，或表現出不耐煩，做到這一點對於正常地維持團隊合作是很有必要的。

- **接受他人的觀點**：在對待某些問題時，除了提出你自己的觀點外，你還應該鼓勵其他成員也提出他們的觀點。當他人提出自己的觀點時，要做出積極、具有意義的反應。也許在某些問題上，其他同事不同意你的分析或結論；即使確信自己是正確的，在這種情況下，你可能也需要做出必要的妥協與讓步。如果做不到這一點，就接受現實，盡你所能闡述自己的觀點，力圖使他人能夠接受或理解。

- **客觀地評價不同觀點**：在對其他成員提出的觀點進行評價時，應該客觀地分析與評價。當觀點與意見不一致時，要冷靜地思考——分歧點或觀念的差異在哪

裡？哪個觀點是最能說明問題的？提出這個觀點的理由和根據是什麼？它的風險和弊端是什麼？同時要讓同事意識到你評價的對象是「事」，而不是提出觀點的人。

職業生涯中的成功，大多都取決於你與同事之間合作得如何。因此，在一個團隊中，團體成員間的相互作用，彼此溝通，會在集體中各自承擔著不同的角色，因此需要你與他人找到並建立團體的一致性，才能實現工作的共同目標。

維護同事的自尊

在人際交往中，自己待人的態度往往決定了別人對自己的態度，因此，你若想獲取他人的好感與尊重，首先必須尊重他人。

研究顯示，每個人都有強烈的友愛和受尊敬的欲望。由此可知，愛面子的確是人們的一大共通點。在工作上，如果你不小心，很可能在不經意間說出令同事尷尬的話，表面上他也許只是臉面上有些過意不去，但其心裡可能已受到嚴重的傷害，之後對方也許就會因感到自尊受到了傷害而拒絕與你交往。

一位哲人曾提出過這樣的問題：將軍和警衛誰擺架子？答案是警衛。因為將軍有著雄厚的資本，他不需要架子作支撐。現實生活中也是如此，擁有優勢的人常常胸懷大度，其自尊和面子足矣，無須旁人再添加。

而與你同一階層甚至某方面不如你的人，很可能因為自卑而表現出極強的自尊，他僅有的一點顏面是需要你細心呵護的；如果你能以平等的姿態與人溝通，對方會覺得受到尊重，而對你產生好感。因此，要謹記：沒有尊重就沒有友誼。

在長期的交往中，難免會有一些紛爭發生，這時，應學會幫同事找臺階下。要及時幫助同事從尷尬的困境中解脫出來。你不必非要據理力爭，爭個輸贏，闡明自己的看法，在他仍強詞奪理之時不妨微笑示之：「可能你是對的，我再考慮考慮。」

即使遭遇同事之間相互爭執，眼看一方理屈詞窮，下不了臺，你也要想一個好方法解決兩個人的爭議。你不妨拿一份資料，上前打圓場：「對不起，打擾一下，主管要我們馬上把這個方案確定下來，你看看還有沒有什麼遺漏？」這句話也許就能把同事從尷尬境地中解脫出來。

當人們選擇做他所從事的工作時，都有處理好自己工作的信心與決心，即使辛苦些、有點吃力，他也心甘情

願，不希望任何人干涉或插手。所以，在同事沒有徵詢你的意見時，你最好不要隨意地指手畫腳，亂提建議。

如果碰巧主管來催促工作，他又有困難，你只能不留痕跡地幫忙，你可以假裝突然想起一件事，像講故事一樣把他的問題癥結表達出來，然後說出解決的方法。

在人際交往中，應時時提醒自己，要尊重別人，尤其是在出現意見分歧時。相處的價值就在於互相尊重對方，在於互不傷害各自的獨立性，這也正是交往的樂趣與價值所在。

與各類難以相處的同事愉快共處

每一個人，都有自己獨特的生活方式與個性。在公司裡，總有些人是不易打交道的，比如傲慢的人、死板的人、自尊心過強的人等等。

要想與不同類型的同事融洽相處，你必須根據對方的性格特點，採取不同策略，靈活應對，才能達到友好交往的目的。

· **應對過於傲慢的同事**：與個性高傲、舉止無禮、出言不遜的同事打交道難免使人產生不快，但有些時候你必須要和他們接觸。這時，你不妨採取這樣的措施：

其一，儘量減少與他相處的時間。在和他相處的有限時間裡，你盡量充分地表達自己的意見，不給他表現傲慢的機會。

其二，交談言簡意賅。盡量用短句子來清楚地說明你的來意和要求。給對方一個乾脆俐落的印象，也使他難以施展傲氣，即使想擺架子也擺不了。

- **應對過於死板的同事**：與這一類人打交道，你不必在意他的冷臉，相反地，應該熱情洋溢，以你的熱情來化解他的冷漠，並仔細觀察他的言行舉止，尋找出他感興趣的問題和比較關心的事進行交流。

 與這種人打交道你一定要有耐心，不要急於求成，只要你和他有了共同的話題，相信他的那種死板就會蕩然無存，而且會表現出少有的熱情。這樣一來，就可以建立比較和諧的關係了。

- **應對好勝的同事**：有些同事狂妄自大，喜歡炫耀，總是不失時機自我表現，力求顯示出高人一等的樣子，在各個方面都好占上風，對於這種人，許多人雖然看不慣，但為了不傷和氣，總是時時處處地謙讓著他。可是在有些情況下，你的遷就忍讓，他卻會當做是一種軟弱，反而更不尊重你，或者瞧不起你。對這種人，你要在適當時機挫其銳氣，使他知道，人外有人，天外有天，不要不知道天高地厚。

- **應對城府較深的同事**：這種人對事物不缺乏見解，但是不到萬不得已，或者水到渠成的時候，他絕不輕易表達自己的意見。這種人在和別人交往時，通常都工於心計，總是把真面目隱藏起來，希望更多地了解對方，進而能在交往中處於主動的地位，周旋在各種爭端中而立於不敗之地。

  與這種人打交道，你一定要有所防範，不要讓他完全掌握你的全部祕密和底細，更不要為他所利用，進而陷入他的圈套之中而無法掙脫。

- **應對口蜜腹劍的同事**：口蜜腹劍的人，「明是一盆火，暗是一把刀」。碰到這樣的同事，最好的應對方式是敬而遠之，能避就避，能躲就躲。

  如果在辦公室裡這種人打算親近你，你應該找一個理由想辦法避開，盡量不要和他一起做事，實在分不開，不妨每天記下工作紀錄，為日後應對做好準備。

- **應對急性子的同事**：遇上性情急躁的同事，你的頭腦一定要保持冷靜，對他的莽撞，你完全可以採取寬容的態度，一笑置之，盡量避免爭吵。

- **應對刻薄的同事**：刻薄的人在與人發生爭執時好揭人短，且不留餘地和情面。他們喜歡冷言冷語，挖人隱私；常以取笑別人為樂，行為離譜，不講道德；無理

攪三分，得理不饒人。他們會讓得罪自己的人在眾人面前丟盡面子，在同事中抬不起頭。

碰到這樣一位同事，你要與他拉開距離，盡量不去招惹他。吃一點小虧，聽到一、兩句閒話，也應裝做沒聽見，不惱不怒，與他保持相應的距離。

盡量避免爭論

對待同一件事情，不同的人各自的觀點、想法可能存在明顯的差異。在工作中，完成一項任務，同事之間的做法可能各有區別，在意見不同時，應盡量避免爭論，以免傷了同事之間的和氣。

要知道，即使你在爭論中贏了，對方也會因此而認為你這個人性格太張揚，不想與你接近和相處，漸漸疏遠你。更嚴重的是，一些人會覺得你讓他丟了面子，甚至傷害了他的自信心和積極性，因而怨恨你的勝利，在心裡對你產生牴觸情緒，也許還想著總有一天要伺機報復。

所以說，在爭論中你永遠不會得益，在人際關係中，你種下了這樣一顆不好的種子，就不會結出一個好果子。因為，在爭論中你的觀點不僅沒被接受，還樹立了一個敵人，你永遠無法真正勝利。為一場小小的爭論而捨棄長遠的良好人際關係，實在是因小失大。

在公司裡要做到和同事融洽相處、精誠合作，就必須盡量避免爭論，為此你必須注意以下幾點：

· **接受不同的意見**：人的思考不可能是絕對完整和全面的，總有一些客觀或主觀的原因讓你有所忽略。那麼，有人幫你提出來可謂是一件好事，提醒你注意，避免你下次犯下更大的錯誤。因此，你應該衷心地對提出不同意見的人說聲謝謝。不同的意見絕對不是透過一場爭論就能好好解決的。

· **不要急於為自己辯護**：自衛是人的一種基本生理反應，當遇到別人的對抗或者攻擊的時候，直覺就會讓你首先要去自衛，要為自己找理由去辯護，而這往往也就是爭論的開端。因此，應該先冷靜地聽完對方所有的觀點，客觀地分析和思考，說不定真的能從中獲得極大的益處。不要急於做出第一反應，急於為自己去辯解，這時冷靜是最好的表現。

· **找出共同點**：有的爭論，到最後雙方會發現其實彼此的觀點中有很多相似的地方，完全沒有必要去為此而爭執不休。然而，若因為爭論，彼此間的感情已經受到傷害，不可挽回，豈不是件憾事？因此，在一開始就去尋找雙方的共同點，既能維持雙方的良好關係，又有利於找到靈活解決的方法。

保守同事的祕密

保守祕密，絕對是一種優秀的品行。關於同事的隱私是「打死也不能說的」，即使你在和別人八卦的時候實在沒有什麼閒聊的話題。保守同事的祕密，涉及到了你的同事的利益，所以絕對不可以有絲毫鬆懈。

我們知道有關同事的祕密，無非有兩個管道，一是這個人親自告訴我們的，另一個就是除了他親自告訴我們以外的一切途徑。

如果是別人親自告訴我們的，我們可真的是「打死也不能說」。別人這麼信賴我們，我們怎麼可以把別人的隱私隨便地散布出去呢？

那麼，如果是我們透過其他的途徑，得知了這樣的消息呢？

那就讓訊息停留在我們這裡吧！這些消息在我們這裡終止，散布管道在我們這裡徹底被截斷。

就算有某些祕密說出來是對別人有益的事情，但是也要加倍小心，因為很多人不喜歡自己的私事被公開，即使這些私事能夠為他贏得好評。

保守別人的祕密，不做公司裡面的「麥克風」，這實在是太重要了！相信你也一定非常認同這樣的觀點。儘管我們在茶餘飯後，聽聽別人的「故事」，還是挺有意

思的事情，但我們都不希望那些「故事」中的主角是我們，哪怕只有一次。

　　既然是這樣，我們就應該讓不希望發生在自己身上的事情，也不在別人的身上發生。沒有人願意成為別人茶餘飯後的話題，所以，不做「麥克風」，更多的是出於對別人的尊重，同時，這也是對自己的尊重。

　　雖然這些道理我們都很明白，但是有的時候，我們的嘴巴還是不經意地就走漏風聲。例如，和大家玩得高興、玩得開心的時候，興奮之下，就什麼都忘記了，想起什麼就說什麼，反正大家都很高興嘛！再比如，和誰鬧彆扭，自己心裡面氣不過，什麼朋友交情、江湖道義，通通閃到一邊去，忍不住就從吐吐苦水變成告密大會。

　　這樣的情況太有可能發生了。怎樣才能避免呢？一個最好的辦法，就是聽過了別人的事情就乾脆嚥下去，爛到肚子裡面。一天爛不乾淨，就花兩天的時間來爛掉它。總之一句話，就是不能讓嘴巴為自己惹禍。古人說「禍從口出」，在職場這種複雜的人際關係裡，這句話應該被每一個人寫在自己的辦公桌上，隨時警惕自己！

第六章
學會當上司、主管，做「領頭羊」不做「離群狼」

做一名出色的領導者，要有統御下屬的能力。既能充分信任下屬，讓他們各盡所能發揮自己的才能；又能有效地管理、領導下屬，以保證團隊在一個正確的軌道上運轉。做「領頭羊」而不做「離群狼」，你才不會受到孤立，才能得到下屬的尊敬。

把下屬當朋友

優秀的領導者心中不會有階級觀念，他懂得人人平等的道理，就算自己的職位比別人高，也知道尊重別人是自重的第一步。

下屬有責任幫助主管完成工作，很多事情主管都可以交給下屬處理。但如果主管能承擔起一些較繁瑣而困難的工作，讓下屬有更充裕的時間做好其分內的事務，對方必然心存感謝，對主管也會更忠心。主管與下屬的關係，唯有以互助、互諒為基礎，工作才會變得輕鬆，合作才會更愉快。

主管不要視下屬為奴僕，而應時常徵詢對方的建議，力求消除彼此心中的隔閡，只有這樣，下屬做起事來才會盡全力而為之。

千萬別把下屬當成「細漢仔」，要把他當做朋友，雙方合作起來就能更得心應手。

如果下屬初來乍到，對一切都感到陌生，那麼身為主管的你必須給他一定的幫助，多多指點他，使他早日適應環境，利用你的經驗解決他的疑難，或者在業餘時間跟他多談談業務中的工作程序和其他需要注意的事項，這樣會讓他心存感激，更加努力地工作。

與他有關的會議都可以讓他參與，讓他多多了解公司的業務和同事們的工作情況，鼓勵他多發表意見，既樹立他的自信心，又可以增加他對工作的熱情。

分配給他的任務，你可以多些關注，多給他時間去了解、消化，不妨多解釋幾遍工作中會遇到的各種問題。

把下屬當做朋友的同時，主管也會很愉悅。看著下屬的進步，主管也會感到自豪。

把下屬當朋友，還可以從細微處入手。多注意對方的私事，例如生病了、買了新衣服等，你的一句問候，會讓下屬覺得受到了重視，認為你不單單是個主管，還是一個朋友。

工作上要尊重下屬，交付工作時要保持禮貌，不要板起臉孔，要知道在輕鬆的氣氛下工作，效率會更好。

另外，在公司裡除了對待下屬要和藹、不擺架子、保持笑容外，你必須保持公正而有尊嚴的形象。也就是說，與下屬做朋友並不是讓你完全忘掉自己的身分，一味地去與下屬「打成一片」，甚至失去自己應有的領導風範。

在與下屬做朋友的同時，你必須清楚一點：主管和下屬畢竟是有利害關係的，那種言無不盡、如膠似漆的朋友還是最好別在下屬中去找；和下屬做朋友是要維持一定界線的，應該適當保持一點距離。

盡量避免與下屬做更深入的溝通，例如下屬向你傾訴心事，你只要做個聽眾就好了；如果你心情欠佳，也最好別找下屬訴苦。

　　主管與下屬既是朋友，又保持適當距離，才是最明智的做法。身為主管，你一定要拿捏好分寸。

能屈能伸才是好主管

　　工作中，你與下屬難免會產生爭執，解決爭執的過程就是建立自己威信的過程。你的個性品行、思想水準、管理才能、領導藝術，恰恰就展現在這裡。下述方法是主管化解與下屬爭執的良方。

- **當工作失誤時，勇於主動承擔責任**：身為主管，決策失誤是難免的，因決策失誤而使工作出現不理想的結局時，便須警惕，這是一個關鍵時刻。當主管、下屬雙方都需要被追究責任時，彼此自然就會產生推諉卸責的心理。

  把過錯歸於員工，懷疑員工沒有依照決策辦事，或是指責員工的能力，極易失去人心、失去威信。面對忐忑不安的員工，勇敢地站出來，自咎自責，緊張的氣氛便會緩和。如果是員工的過失，而你卻責備自己管

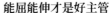

理不佳，將批評指責轉變為主動承擔責任，會讓員工更敬佩、更信任你。

- **將隔閡扼殺在搖籃裡**：主管、下屬交往，貴在彼此相容。雙方感情有距離，心理不平衡，積久日深，便會釀成大的衝突。讓隔閡在萌芽狀態時就消滅並不困難，你應該這樣做：

- **見面先開口，主動打招呼**：在合適的場合，適當開個玩笑;根據具體情況做些必要的解釋;對方有困難時，主動提供幫助;多在一起活動，不要竭力躲避;戰勝自己的「自尊」，消除彆扭感。

- **善於包容**：假如員工做了對不起你的事，不必計較，而且在他有困難時，也不要坐視不管。但不能在提供協助的同時批評員工，如果對方自尊心極強，他會拒絕你的「施捨」，非但不能化解爭執，還會鬧得不歡而散。「得饒人處且饒人」，身為主管，心要放寬些，忘掉不愉快，多想他人的好處，才能團結、幫助更多員工，他們也會因此而重新認識你。

- **發現員工的優勢和潛力**：身為主管，最忌諱把自己看成是最高明的、最神聖不可侵犯的，而員工則毛病眾多、一無是處。對員工百般挑剔，看不到長處，是上下屬關係緊張的重要原因。研究員工心理，發現他的

優勢，尤其是發掘他自己也沒有意識到的潛能，肯定他的成績與價值，便可以化解許多爭端。

- **允許下屬盡情發洩**：主管工作有失誤，或照顧不周，員工便會感到不平、委屈、壓抑。難以容忍時，他也許會發洩心中的怨氣、牢騷，甚至會直接地指責、攻擊、責備上司。面對這種局面，你最好這樣想：

他找到我，是信任、重視、寄希望於我的一種表示，應該充分理解這種心情。他已經很壓抑、很痛苦了，用權威壓制對方的怒火是無濟於事的，只會加劇衝突。我的任務是讓員工心情愉快地工作，如果發洩能讓他心裡感到舒暢，那就讓他盡情發洩。我沒有更好的解決辦法，唯一能做的就是聽他訴說，即使很難聽，也要耐著性子聽下去，這是一個極好的了解員工的機會。

如果你是這樣想的，並且這樣做了，你的員工便會平靜下來。第二天，也許他會為自己說過頭的氣話或者當時偏激的態度而向你道歉。

- **戰勝自己的剛愎自用**：出於習慣和自尊，領導者喜歡堅持自己的意見、執行自己的意志、指揮他人按自己的意願行事，而討厭你指東他往西的員工。上司和下屬出現意見分歧時，用強迫的方式要求員工絕對服

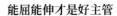

從，雙方的關係便會緊張，出現衝突。戰勝自己的自信與自負，可用如下方式調節心理：

轉移視線、轉移話題、轉移場合，力求讓自己平靜下來，以明智的角度來處理問題；尋找多種解決問題的方法，分析利弊，讓員工選擇；多方徵詢大家的意見，加以折衷；從其他角度看待問題，尋找許多理由、藉口，避免自己堅持己見。

身為領導者做「領頭羊」而不做「離群狼」，才能得到下屬的敬重。

但必須明白，和藹不等於軟弱，容忍不等於怯懦。在具體解決與員工矛盾的過程中，對於那些不知天高地厚的人，必要時必須加以嚴厲回擊，否則，不足以阻止其無休止的糾纏，只會讓其更加放任無理。優秀的領導者精通人際制勝的策略，他們能理智地應對一切。總之，能屈能伸，把握中庸，才最正確。

管好不同類型的下屬

身為一位領導者，若想收放自如地管理好下屬，指揮他們完成各項既定任務，就必須具備優秀的人事管理能力，對個性迴異的下屬採取不同的對待方式，揚長避短，更好地提高工作效率。

· **自私自利型的下屬**：對待這種類型的下屬，應滿足他的合理要求，讓他認識到你絕沒有為難他，該做的事都盡力去做了。這種下屬需要你循循善誘，不斷開導，為他講清道理，讓他建立起正確的觀念，同時，又要拒絕其不合理的要求。你可以借題發揮予以拒絕，委婉地提出各種執行上的困難，或者拿出「原則」這張王牌予以拒絕，讓他不存非分之想，切忌拖延輕諾。

在工作中你要把工作的計畫、措施、分配方案等公之於眾，讓下屬監督，充分利用制度管人，讓制度去約束這種人，這樣可以有效避免他沒完沒了的死纏爛打。

· **爭勝逞強型的下屬**：對於這種下屬，千萬不可以因他的狂傲自負顯出自卑，應該泰然處之，做一個心裡有數的領導者；但確實是你的不對時，你就應坦然承認，予以糾正，用你的謙虛感動下屬，讓下屬受到啟發。

你還應認真分析、研究這種下屬的真正用意。如果下屬是懷才不遇，那麼你身為領導者就應為之創造條件，讓他的才能有施展的地方。如果是那種愛吹毛求疵又無能的下屬，你就嚴肅地點破他，甚至可以進行必要的指責，讓他改變行事作風，盡心盡力地工作，心態平和地待人處事。

遇到爭勝逞強型的下屬，切忌不可動怒，應把度量放大些，表現出寬廣的胸懷，靜靜地傾聽他們的心聲，而不宜採用壓制的方法對待。

- **性情暴躁型的下屬**：對這種下屬，你應多關心他，幫助他，既講原則，又注重感情，讓他從心底敬佩你，視你為知己，忠於職守。在他取得成績的時候，不要忘記隨時讚揚，哪怕是微不足道的小事。透過讚美會使這種下屬的虛榮心得到滿足，自大、偏激的情緒會慢慢地減少，有利於開展工作，促進交往。

  你身為領導者，不應譏諷、挖苦這類下屬，否則只會引起「戰火」。對其不良行為和缺點也不宜直接予以否定，應採用委婉或幽默的方式提出來，這樣下屬才易於接受，也才會真正地吸取教訓。

- **自衛心強的下屬**：身為主管要尊重這類下屬的自尊心。在談話時要慎重，談話中不要隨便夾雜有輕視他能力

的話語，多肯定、少否定他的努力結果和成績，否則就會傷害他的自尊心，讓他產生灰心失意的情緒。

與這種下屬在一起，你不要輕易議論別人，指責別人。如果這樣，他會認為你也會背後當著別人的面指責他，防衛心理就會增強，會在與你的交往中設下「防火牆」，進而影響你開展工作。

善於化解下屬間的爭端

身為主管，可能最不願看到的就是下屬之間意見分歧，產生爭執。因為即使是再小的爭執，如果處理不好、處理不公，也會降低主管的威信，甚至還會影響整個部門的工作效率。

當下屬之間有爭執時，怎樣才能化解他們之間的爭執呢？試試以下幾個步驟，也許會對你有所幫助：

- **不偏不倚**：在處理下屬之間的爭執時，主管要掌握的第一個原則就是冷靜公正，不偏不倚。在把心態調整到一個公平的角度以後，你只要再掌握一些解決爭執的技巧，就已經有把握解決了。

- **澄清誤會**：身為主管你要找爭執的雙方單獨談話，最好能對問題的焦點做紀錄，以便求證。如果僅僅是一

場誤會，你可以請他們一起協商溝通，把誤會澄清，爭執也就迎刃而解了。

如果只是由於工作上的問題，或者相互之間配合的問題，而且還有各自特殊的理由，你不妨做個和事佬，為他們雙方分析一下產生爭執的原因。可以讓他們互相站在對方的立場多考慮一下，然後把思考的結果兩相對照，雙方將很快意識到自己的錯誤。

- **冷靜處理**：在衝突發生時，當事人往往情緒都非常激動，可能當下就會找上主管，希望你能說句公道話。這時絕不能火上澆油，立即處理，因為此時雙方的情緒都很激動，無論你怎麼處理，雙方都不會滿意，還會誤認為你在偏袒對方。

  所以最好的方法是，請雙方先回去，讓他們冷靜一下，平復自己的情緒，然後你再親自找他們談話，了解問題的真相。採取安撫的手法，聽取他們各自的委屈，了解他們的苦惱，改變雙方的想法，衝突也就會被化解了。

- **緩和衝突**：在你的說服之下，有時衝突中的一方其實已經知道錯誤，但就是不肯認錯，認為面子上過不去。遇到這種人，你要採取緩和的辦法，不要勉強他一定要親自去認錯。但你可以私下為雙方製造一個緩和氣

氛的機會，例如約他們雙方吃飯，借用一杯酒、一根菸表明他認錯的誠意，此時在飯桌上雙方的距離會拉得更近，緩和他們的衝突也就不再是件難事了。

· **居中協調**：有些事情很難說清誰對誰錯，這時，主管的作用就是居中協調，息事寧人。在充分肯定雙方的基礎上，融入自己的觀點，加以完善，找到最好的解決問題的方法。這樣協調，衝突雙方都不會感覺到面子上過不去，肯定就能息事寧人了。

如何對待下屬的怨言

工作中下屬有牢騷、有抱怨在所難免。身為主管，懂得這個道理非常重要，應該把抱怨視為一種正常的現象，保持冷靜的態度，不要聽到一點怨言就認為是爭執的開端，煞有介事地大做文章，甚至以為幾句無心的怨言就會讓團隊就此分裂。要淡然以對，應對此一笑置之，提高心理承受能力。

當然，抱怨太多也會傷害全體員工的積極性和進取心，這時就要儘快解決。處理得當可以防止事態惡化成更大的人際衝突，因此不能讓抱怨的情形反覆出現。如果你想好好地處理員工的抱怨，一定要記住以下幾點：

不要忽視。不要認為你對出現的困境不加理睬，它就

會自行消失。不要認為如果你對員工敷衍幾句，他就會忘掉不滿，會過得快快樂樂。事情並非如此。沒有得到解決的不滿將在員工心中不斷升溫，直到沸騰。他會向他的朋友和同事發牢騷，他們可能會贊同他，而這就是你遇到麻煩的時候——你忽視小問題，結果讓它惡化成大問題。

承認錯誤。消除產生抱怨的原因，承認自己的錯誤，並作出道歉。

嚴肅對待。絕不能以「那又沒什麼」的態度坐視不管。即使你認為沒有理由抱怨，但下屬認為有，而且如果下屬認為它非常重要，應該引起你的注意，你就應該把它當作重要的問題去處理。

認真傾聽。認真地傾聽下屬的抱怨，不僅表明你尊重下屬，而且還有可能使你發現究竟是什麼激怒了他。例如，一位職員可能抱怨他的電腦鍵盤不好，而他抱怨真正的意圖是指出鄰座的同事打擾到他，害他經常出錯。因此，要認真地聽下屬說些什麼，要意識到下屬的弦外之音。

不要發火。當你心緒煩亂時，你會失去控制，你無法清醒地思考，可能會輕率地作出回應。因此，要保持鎮靜，如果你覺得自己情緒不佳，就延後談話的約定時間。

掌握事實。即使你可能感覺到要你迅速作出決定的壓力，你也要在對事實進行了充分調查之後再對抱怨作出答覆。要掌握事實——全部的事實。要把事實了解透澈，再作出決定，只有這樣，你才能做出完美的決定。

別兜圈子。在你答覆一項抱怨時，要觸及問題的核心，要正面回答抱怨，不要為了避免不愉快而去繞過問題，要把問題直白說出來。你的答覆要具體而明確，這樣做，你的話的真意才不會被人誤解。

解釋原因。無論你贊同員工與否，都要解釋你為什麼會採取這樣的立場。如果你不能解釋，在你做出決定之前最好再考慮一下。

表示信任。在你向員工解釋過你的決定之後，你應該表示相信他們將會接受。求助於他們的邏輯能力，求助於他們對公平處事的認知和同等對待的信任，努力使他們搞清楚你做決定的理由，使他們同意試一試。

敞開辦公室的門。不要怕聽抱怨，在萌芽階段就能阻止抱怨是再恰當不過了。要永遠敞開辦公室的門，讓下屬總能找得到你。

批評下屬的藝術

如何對待犯了錯的下屬，也是領導藝術的一個重要方面。

處理和批評得當，下屬會虛心接受，而不會埋怨；如果批評失當，則會加劇衝突，增加日後的工作難度；批評太輕，則又不足以警醒下屬，收不到應有的效果。

因此，一定要掌握批評的方法與程度，既能做到懲前毖後，使下屬不再犯類似的錯誤，也不至於傷害下屬的自尊心。在具體的批評過程中應遵循以下幾點：

- **批評之前必須先調查**：「沒有調查就沒有發言權。」在批評下屬之前，一定要把情況了解清楚，這個錯誤是不是他犯的，這個錯誤是由於主觀原因，還是客觀原因等等。如果一個主管一看到下屬出了問題，不管三七二十一就一番批評和指責，倘若下屬真的犯了錯誤，他也許會默認；但如果不是他的錯，勢必引起不滿，大吵一架，甚至就此辭職也很有可能。

- **給下屬一點面子**：俗語說：「人有臉樹有皮」，所謂臉，確切地說，就是一個人的自尊。你在批評下屬時，一定要注意不能傷害下屬的自尊心。當然，不同的人有不同的個性，對於批評其自尊心的敏感程度也

不一，因此，你要視不同的對象採取不同的批評方式。

對那些自尊心較強和敏感的人，你要盡量小心，對其所犯的錯誤點到為止；對於那些臉皮較厚的人，則可以適當加重些，才能使其意識到所犯錯的嚴重性。

傷人自尊是極不明智的行為，其中揭人短處是最嚴重的一種情形，應該絕對避免。

* **批評也要因人而異**：有時候，你批評犯了同一種類型、同樣程度錯誤的人，批評的效果卻完全不同，有些人接受了並積極改正，而有些人卻仍然我行我素。原因是什麼呢？就在於你批評的內容太單一，批評也要因人而異。

對於直率和有魄力的下屬，他們受到批評後會很快振作起來，因為他們通常不會把你的批評長久記在心上，也不會去聯想你對他的態度，一心投入工作。

對於個性軟弱的下屬，你批評得稍嚴了一點，他就受不了，長久記在心裡，甚至以後碰到類似的問題就畏縮不前、膽小怕事。但他有一個特點，就是比較容易接受上司的批評。

因此，對於這兩種人，你只需要採取提醒的方式，點到為止就好。

公司中還有一些心懷不滿的人，這樣的人最不好管理。因為他們自尊心很強，對別人的批評也非常敏感，但同時，他們又意識不到自己所犯的錯誤的嚴重性，總認為主管是在找自己的麻煩，對主管的批評也只當耳邊風。

　　因此，你對這種人一定要注意方法，因為方法不當，就容易加劇衝突。對這種人的批評一是要有充足的證據，在證據面前不怕他針鋒相對；二是對這種人可以採取非常嚴厲的手法，只有讓他充分認識到自己的錯誤，他才會痛改前非、有所收斂。對於心懷不滿的下屬，除了要進行嚴厲斥責，也不妨聽聽他的牢騷，然後，再針對其心理和錯誤進行有效的批評。

- **批評要注意看時間地點**：不注意場合隨意批評人的主管，不僅會傷害下屬的自尊心，而且也破壞了自己的形象和威信。

　　在發生問題時，如果的確是下屬犯了錯誤，也應該把下屬叫到辦公室，在沒有第三者的情況下進行批評。

- **鞭子和糖並用**：只知一味斥責下屬而不懂安撫的主管是不合格的主管，真正善於領導的人，在批評下屬後，不忘幫他消消氣，補上一兩句安慰、鼓勵的話。譬如，你可以在批評他之後，立即給他鼓勵和安慰，

讓他很快振作；你也可以在批評他當天晚上打電話給他，跟他好好聊聊，那樣他不僅會原諒你，甚至會感激你；或者，你還可以私下對與他關係較好的下屬說一些你看好他、讚美他的話，若那人把你的話轉達給被批評者，他就會恍然大悟。

批評也是一門藝術，身為主管，你應該講究方法，但須切記，在一定程度上，對於大部分下屬來說，你以一種寬容的態度感化他們，以豐富細膩的人性化管理代替懲罰和批評，這種方法更可取。

部下樂意主動服從的「八要訣」

在一次研討會上，有一位人力資源專家闡述他使部下樂意服從上級的「八要訣」，很多企業家聽後都覺得很受啟發。這位人力資源專家認為，身為一名高明的主管，要想有效地激勵下屬的工作熱情並讓部下樂意服從於你，其核心祕訣就在於激勵下屬的自信心。其具體方法有八種：

1. 要用建議的口吻來下達工作指令。用命令的口吻指揮部下做事，其效果總不如採取商量的語氣好，因為多數員工不喜歡被呼來喚去，尤其是知識分子。「你

覺得這麼做行嗎？」、「你是否能夠儘快完成這項任務？」用這樣建議性指令方式將會使部下不僅樂意服從於你，而且有一種被重視的感覺，進而特別認真地工作。

2. 給部下面子。平和寬容待人，不損傷下屬自尊，為部下樹立良好形象，以心換心，他們會在工作中更加用心地支持你。

3. 時常誇獎部下。有目的、有針對性地誇獎某個下屬，可以有效激勵他人，使大家有好的榜樣，增強信心。

4. 有事多找下屬商量。任何一個成功的主管總是堅定地掌握這樣一個處事準則與理念：公司的事就是大家的事。責任感是自信心的基礎，民主協商會增強下屬的責任感，讓部下清楚了解自己在一個團體中的位置與作用，他就會精神飽滿地去創造業績。

5. 給下屬機會，寬恕失敗。今天的失敗者，或許就是明天的成功者，因為失敗者也是教訓的擁有者，主管如果給部下一個成功的機會，他們就會將教訓轉化為成功的財富與資本。

6. 將下屬名字常掛嘴邊。尤其是大公司，主管要記住員工的名字，這對於下屬是一種特殊的心理滿足與信任鼓勵。

7. 委派員工重任。工作任務永遠必須在能力之上，適當對部下施壓、讓其負起重擔，本身就是一種信任與重託，喚起人的崇高感、使命感和責任心，這樣他將全力以赴，一心一意。

8. 及時更新工作任務。具挑戰性的工作會鼓勵部下全神貫注、激起新的熱情，使其智力、體力不斷經受鍛鍊和考驗，進而使才幹顯著提高，工作得心應手，下屬內心自然會感激主管對他的信任與栽培。

做個留住人心的主管

身為領導者的你是否曾犯過這樣的錯誤呢？當著全體員工的面，把某個員工的缺點苛刻地指出來。如果你經常這樣做的話，那麼你真的就錯了，因為一個聰明的主管，應該把犯錯的員工個別叫到一旁，用一對一的方式進行交流。

例如對一個經常遲到的員工，你最好是在辦公室門口迎接他，這樣他也會因自己的行為感到愧疚的。當然你也可以在晚上 10 點或 11 點的時候拿起電話，權當一個隨意的問候，同時也是一個溫柔的提醒。對一些犯錯的員工，最好的方法反而是站在他的辦公桌前，直接對他說：「讓我們找個地方一起吃午餐吧！」或倒兩杯咖啡，

對他說：「讓我們談談好嗎？」事實上，這樣的機會無處不在，當然這一切的前提是一直在你們兩人之間進行。

不過有時問題並非這麼簡單。經常會聽到有些主管在用人方面有挫折感，他們認為有些下屬花了很大的力氣來培養，依然收不到好的效果，那麼他們是否應該立刻解僱這樣的員工呢？對於這個問題，我們想請這位主管把他的鑰匙串拿出來，如果我們從中抽出一把鑰匙，問他：「這是什麼的鑰匙？」「家裡的。」「它可以用來開你的車嗎？」「當然不行。」「這把鑰匙很美觀而且好用，你是否願意銷毀你現在開的車，再換一輛可以用這把鑰匙開的車呢？」答案顯而易見，問題不在鑰匙本身，而在你的選擇和使用。管理也一樣，一個在某人身上很適用的作法，用在另一個人身上就可能格格不入。領導藝術的智慧也就在這裡。

而善用人的關鍵就在於留住人心。當你的下屬工作效率很差，你會如何處理？當面對一位你所賞識的員工，你堅信他有勝任某項工作的專長，然而他卻不服從你的命令，你會如何處理？你會細心地尋找具體的答案呢，還是動不動就訓斥：「這個人是怎麼回事？」

如果你的想法是後者，你會覺得是你的員工出了問題，這樣片面的自以為是，會帶來很多惡果。譬如，會大大地削弱你對他們的信心以及他們自我表現的能力，

還會讓員工和你之間造成很大的疏離，這種深深的壓抑感，會讓整個企業沉悶、缺乏活力。

領導者應該具有強烈的責任心和敏銳的洞察力，對那些有失敗傾向的員工，要有更多的關心與留意。當你認為某人有可能走向失敗時，要提醒他、制止他，把他換到適宜的職務上去，別讓他坐以待斃。你要明白其實這本來就是你帶給他的痛苦。

此時你要做的是別把自己帶到「這個人怎麼回事？」的問題上，請你換個角度來看它。真的把答案找出來時，你會嚇一跳，它的原因可能是：某個惡劣的天氣阻止了工作的進行，或是一個強勁的競爭對手耍了一個小小的陰謀。

作一個留住人心的領導者，這樣你也就留住了人才，留住了人才的忠誠。

身為主管你應該從政策、制度方面著手，以真正留住人才的心。要知道，經濟報酬只可能暫時留住人才，但難以讓人才有歸屬感、服從心與向心力。得人才則興，失人才則亡。人才作為時代的創造者、發明者、傳播者和使用者，已經成為當代科技進步與經濟社會發展最重要的資源，誰在人才管理的改善上先行一步，真正做到留人留住心，誰就會在用好人才創造的巨大價值中最先受益。

　　所以說，良好的人際關係與親和的職場氛圍是員工信服的重要內涵的展現，而透過始終愛護人、尊重人，承認人們的勞動與做出的成績，建構團隊上下良好的溝通系統，讓人才了解和參與團隊的決策與管理，並切實為他們提供各種必要的保障，增強他們的認同感、歸屬感和忠誠心，讓他們毫無怨言地努力與奉獻，才是員工自動自發的「本」，才能從根本上穩定人心，留住人才。

第七章　和你的產品談戀愛，把你的客戶當朋友

第七章
和你的產品談戀愛，把你的客戶當朋友

一位著名的行銷專家告訴我們：「每一個全世界最頂尖的銷售人員所銷售的產品，不是產品本身，而是他自己。」的確，你是客戶與產品之間的媒介，當客戶喜歡你，了解你之後，他才會開始選擇你的產品。

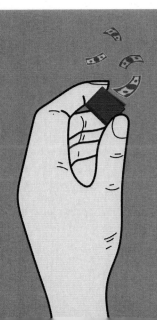

先為客戶考慮，客戶才會為你考慮

怎樣才能獲得客戶呢？除了產品和服務的品質，你還需要做的就是，竭盡全力為客戶考慮。你為你的客戶考慮，他就會感到高興，而與一個愉悅的客戶做生意，成交的過程自然會比較順利。

要為你的客戶考慮，就一定要把自己當作是客戶的顧問，而且一定要想著：自己就是用產品或服務去解決客戶問題的人。因此，你的定位就是該行的專家和權威，並與客戶永遠站在同一邊，與客戶同生死、共命運。客戶有開心的事，要與客戶一起分享；客戶有困難，就要與客戶一起承擔。

無論和什麼人打交道，想要別人怎樣對待你，你就得怎樣去對待別人，這是服務的黃金法則。當你設身處地站在客戶的角度為他考慮時，客戶會因為你的細心與關懷而深受感動。不用說，你們以後的合作將是一件相當愉快的事情。

只要你真誠地為客戶考慮，急客戶之所急，並在服務上多下工夫，你的客戶一定會打從心裡接納你。

想得到愛，先付出愛；要得到快樂，先獻出快樂。真誠地為你的客戶考慮，你會驚喜地發現，留住一個客戶原來如此容易。

傾聽客戶的要求

客戶對於一個想要證明自己業務能力的人來說，其重要性不言而喻，讓你的客戶滿意，也等於是滿足了你自己。所以，對於客戶的要求，絕不能輕視。為此，你需要注意以下幾點：

· **專心地接待客戶**：在接待一位客戶時，應該把這段時間只留給這位客戶，不要心不在焉、三心二意、似聽非聽，或去想著其他事情。要讓你的客戶感覺到，你正全神貫注地等待聽他要說的話。因此你要集中所有注意力，盡量不要做別的事情，而要隨時看著對方的眼睛，這能讓客戶感受到他在你心中地位的重要性。

· **用心傾聽**：在交際活動中，「用心傾聽」的重要性常被大大地低估和忽視了。其實，傾聽是一門藝術，同時也是與客戶合作中最重要的任務之一。沒有什麼比用心傾聽更能顯示你對他人的尊重了。它是表示你對客戶的特別關照和尊重的直接途徑，讓你的客戶明白這一點很重要。

如果你用心傾聽客戶的談話，你就能更好地了解他的觀點、掌握他的資訊，也就可以更有效地利用這些資訊。只有明確了解對方的想法，你得出的結論才能立於更穩固的基礎之上。

- **注意表情和姿勢**：與客戶會談時要注意自己的表情、儀態，即使和客戶談話時間久了，也不能打呵欠。切忌在座位上扭來扭去，更不要東張西望，也不能發呆出神。

  如果是累了，不如向客戶建議休息一下再談。任何一位客戶都不會反對合理的稍事休息的建議，大多數人只會對你的心不在焉難以忍受。在交談時，應該面向你的談話對象，用微笑和頷首表示讚許。用你的表情和姿勢告訴對方，你和他有同感。

- **聽出「言外之意」**：不僅要聽出客戶明明白白告訴你的話，還要留意他「話說一半」的原因和潛臺詞。

  如果你覺得你的客戶欲言又止，或對他的話有不甚明瞭的地方，你最好立刻問清楚。這樣你就可以順著他的思路發現「弦外之音」和他未講出口的問題。

  在交談中，你越是顯得「敏感」，就越能向你的客戶發出這樣的訊號：你很注意他的每一句話。

- **表示理解**：在交談中，要讓你的客戶知道，你能理解他的想法和行事的動機。要盡量跟上他的思考模式。

  如果你用自己的話重複或補充他的想法，你就已向他表明，你確實明白和理解他的心思。

和你的客戶一起探討他的問題，直到取得令他滿意的結論。在重要的問題尚未回答之前，注意不要岔開話題。

　　不要只因為你認為無關緊要就輕描淡寫地略過對方急切想談的問題。要設身處地為你的客戶著想，你才能真正理解他。

用肯定和讚賞讓你的客戶不再疑慮重重

　　在與客戶交流時，肯定和讚賞能讓你的客戶不再疑慮重重。他會把你的肯定與讚賞視為他行動正確、成績可嘉的證明。因此，可以說這是贏得客戶信任的一件有力武器。

　　想一想，當你第一次到客戶家裡訪問，你會對客戶的哪些東西進行肯定和讚賞呢？

　　有經驗、高明的人會針對對方的能力大發讚嘆。例如到客戶家裡拜訪，說：「這房間布置得真別緻，富有特色。」這是在讚賞客戶的審美。同樣，對一位女士說：「妳穿這件衣服，看起來很有氣質，氣色很好！」仍是讚賞對方的眼光。精準鎖定對方的知識、能力、品味，肯定和讚賞做到一步到位，算是有一定造詣的了。

　　對於肯定和讚美，美國一位百科全書行銷人員是這樣做的：當客戶展現出一點點購買意願時，他立即把客

戶的孩子們叫過來，對他們說：「知道嗎？你們的爸爸真好！為了讓你們學業表現更好，現在就開始幫你們準備最好的書。你們要記住，你們有一位真心愛你們的好爸爸！」客戶被這種和樂融融的氛圍所感染，成交自然是順理成章的了。這樣的高手，其功力已到達爐火純青的地步。

肯定與讚賞，可以為你與客戶建立起良好的互動關係。你對他本人和他成就的賞識使他內心充滿了自豪與驕傲，你使他忘卻建立一道抵禦的屏障，這將使你的客戶從內心接受你、認可你。

而最值得提出的是，肯定與讚賞不僅對接受方起到積極的作用，它也能對給予方發揮積極的作用。你給予客戶的肯定與讚賞越多，你得到的肯定與讚賞也會越多。

幾乎所有人在得到肯定與讚賞時反應都是一樣的，他們感到十分欣喜並向對方道謝，接下來他們會考慮如何報答對方的好意。肯定和讚賞的作用正如一件美妙的禮物，人們滿懷喜悅收下禮物後，自然希望會被回饋更好的禮物。

肯定和讚賞能讓你獲得客戶的好感，你們甚至可以成為朋友，他自然不會再有什麼疑慮，因為你已經贏得了他的心。

從語言速度和肢體動作上去模仿、配合對方

在成功心理學中，專家把人分為三種類型：

1. 視覺型。視覺型的人說話速度特別快。他們說話速度之所以快，是因為他們眼珠不停地轉動，他們的頭腦必須跟著眼珠一起轉動，所以說話速度特別快。

2. 聽覺型。聽覺型的人說話聲音稍微小了一點點，他與你說話時常常沒有在看你，而是用耳朵在聽。

3. 觸覺型。觸覺型的人說話速度很慢，他跟你說話時常常要想老半天才能說出來。

可以想像一下，如果一個視覺型的人遇上一個聽覺型的人，前者一定會認為後者不尊重自己，因為自己在說話時對方沒有看著自己，即使後者表示自己正用心聽講，前者也常常會非常生氣。更糟糕的是，如果一個視覺型的人遇上一個觸覺型的人，這兩人又會是怎樣的情形呢？的確讓人覺得非常彆扭，恐怕談話的雙方也會這樣想吧！

因此，專家指出：當客戶說話聲音大或特別快時，他可能就是視覺型的人，我們就要試著去跟上他、去模仿他；當客戶說話聲音較小且常不看著自己時，他可能是

聽覺型的人，我們應該尊重他、努力迎合他；當客戶說話速度較慢時，他可能是觸覺型的人，我們就要配合他的步調，也開始慢一些。

在你與客戶交流時，如果你有意識地從語言速度去模仿、配合對方，常常會產生意想不到的效果。而且卓有成效也不需要太長的時間，大概五到十分鐘以後，你就可以帶動他，進而達到自己的目的。

除此之外，與聲音具有同樣影響力的，還有我們的肢體動作。

接受了成功心理學培訓的豐田汽車總公司某業務代表就深諳其中的道理：

「我接受了成功心理學的培訓，專家告訴我不只要模仿客戶的聲音，還要模仿客戶的肢體動作，對於前者我深信不疑，對於後者我卻半信半疑，於是我決定嘗試。」

「一天早晨，有一對夫妻來到了展廳，我發現那位男士說話時有個習慣性的動作，我就記住了。一個小時以後，我問那位男士：『請問先生，您對我們豐田汽車感覺如何呢？』他回答說：『這車很好，但是這個價錢？』 —— 他的手比劃了一個習慣性動作。我說：『先生，不可以，一定要這個價錢！』我也模仿了那位男士的肢體動作。真的神奇，我的模仿很快收到了成效。『好吧，就這個價錢吧！』他隨後做出了決定。」

事實上，專家的無數實驗和現實生活中的眾多實例已表明，從肢體動作上模仿對方，的確能起到較好的效果。當你在比劃對方習慣性的動作時，好像是在讓對方下命令給自己，自然無法反駁。

運用「AIDMA」法則引導客戶的消費欲望

人人都有潛在的購買欲望，不論你是要說服對方接受你的產品還是你的服務，你要做的就是將對方的購買欲望挖掘出來，並使其明顯化。

成功心理學指出你應遵循「引起客戶注意」、「激起客戶興趣」、「喚起客戶需求」、「在心中產生強烈印象」、「決定購買」這一過程，完成自己的說服行動，這就是引導客戶消費欲望的「AIDMA」法則的全部內容。

「AIDMA」法則說明了客戶的潛意識消費欲望是如何被引導出來，以致被你說服的心理過程。

· **A：Attention（引起注意）** —— 花俏的名片、手提包上繡著的廣告詞等等，都是為了引起人們注意的常用方法。

‧ I：Interest（激起興趣）──一般使用的方法是彩色產品型錄、關於產品或服務的新聞簡報，有些人還會自己製作、編排新穎別緻的產品型錄，以增加說服力。

‧ D：Desire（喚起欲望）──「百聞不如一見」，如果能讓客戶親身感受到商品或服務的魅力，就能喚起欲望。例如要說服客戶購買茶葉，就隨身攜帶試用包，隨時為客戶奉上一杯香氣撲鼻的茶水，客戶品嚐到茶香，就會刺激其消費欲望，進而掏錢購買；說服對方購買房產，要帶領客戶參觀房屋；說服對方享受服務，可以讓其身臨其境享受一番。

‧ M：Memory（留下記憶）──客戶在產生欲望後，如果價格合適，很可能會立即決定購買；但如果價格太高，就會仔細考慮。所以要努力增加客戶對你的產品或服務的印象。例如登門拜訪前寄一張明信片，或拜訪時帶小禮物等，都是加深客戶印象的好方法。

‧ A：Action（購買行動）──從引起注意到完成交易的整個過程，你必須始終信心十足。如果你對自己的產品或服務缺乏自信，客戶當然會對你的產品或服務產生疑慮，進而予以拒絕或轉向你的競爭對手。尤其在最後的簽約成交階段，自信千萬不可動搖，否則

會使客戶心生疑慮，終至功虧一簣。當然，過分自信也會引起客戶反感，以為你在說大話，進而使你的說服力大打折扣。

總之，「AIDMA」法則在你的說服過程中不容有任何疏忽。如果你能做到一切收放自如，就能順利地將客戶的購買欲望挖掘出來，讓他心甘情願地購買你的產品或服務。

探知客戶的 7 種拒絕類型

根據統計，在任何一個行業中，客戶最容易產生的拒絕購買類型，通常不會超過 7 個，我們稱之為 7 個拒絕原理。不論你從事什麼行業，首先所需要知道的是在你的行業中，客戶最容易產生的拒絕會是哪一些。

以下便是常見的 7 個拒絕原理：

· **沉默型拒絕**：沉默型拒絕指的是客戶在銷售人員介紹產品的整個過程中，一直維持著一種非常沉默，甚至有些冷漠的態度。

對於沉默型的拒絕，我們要想辦法讓客戶多說話，我們要多問客戶問題，來引導他多談談自己的想法。當一個人在說話的時候，他就會將注意力集中在你的產

品上了。所以你要鼓勵客戶多說話，多問他們對產品的看法與意見，以及他們的需求。

- **藉口型拒絕**：常常有些客戶提出的拒絕，你一聽就知道是藉口。

舉例來說，客戶會告訴你：「最近我沒有時間」；或者「好吧，我再考慮考慮」；或者「我們的預算不夠」等等。

有些時候客戶也會單刀直入地說：「我們已經有個供應商，為什麼還要向你們買呢？」當客戶提出這一類的藉口時，你的做法應該是，先忽略他的這些問題和拒絕。你可以告訴客戶：「您所提出的這些問題，我知道非常重要，待會兒，我們可以留點時間著重討論。現在我想先用幾分鐘的時間來介紹一下我們產品的特色是什麼，為什麼您應該購買我們的產品，而不是向其他人買。」接下來你可以很流暢地開始介紹你的產品了。使用類似的話語，將客戶所提出的這些藉口型的拒絕先擱置一旁，轉移他們的注意力到其他感興趣的項目上，在多數的情形下，這些藉口就會自動消失。

- **批評型拒絕**：有些客戶在購買過程中，會以負面的方式批評你的產品或公司。例如「我聽別人說，你們的產品品質不好，所以我對你們的產品沒有興趣。」當

客戶提出類似的批評或意見來打擊你時，你所需要做的是告訴你的客戶：「我不知道您是從哪裡聽來這些消息的，同時我也能夠非常理解您對這些事情的擔憂……。」以此來瓦解客戶對產品的拒絕心理。

有時候當客戶提出批評型拒絕時，首先你要做的事情就是先不要去理會，看看客戶到底對於這種批評型的拒絕是真的關心還是隨口提一提而已。

並不是所有客戶所提出的拒絕我們都需要去處理，許多拒絕只是客戶隨口提出來的。這時候，最好的做法就是用一個問題反問他：「請問價格是您唯一考慮的因素嗎？」或問：「如果我們的品質能夠讓您滿意，您是不是就沒有其他顧慮了呢？」

當然，如果客戶一而再、再而三地提出某個負面評論以示拒絕，那就表示這真的是他所關心的問題，而你也必須認真地處理了。

· **問題型拒絕**：客戶可能會在某些時候提出一些問題來考驗你。對此，我們應該抱有的信念是：當客戶提出問題時，也就是代表客戶正在向你索要更多的資訊。對於這種類型的拒絕，首先要對客戶表示認可及歡迎，你可以說：「我非常高興您能提出這樣的問題來，這也表示您對我們的產品真的很感興趣。」接下來你

就可以開始回答客戶的問題，讓客戶得到滿意的答案。

- **表現型拒絕**：某些客戶特別喜歡在你面前顯示他們對你的產品所具有的專業知識，他們常常告訴你，他們非常了解你的產品，時常在你面前顯示他們是這一個行業的專家。

  每當你碰到這一類型的客戶時，首先你要做的事就是稱讚他們。因為這一類型的客戶之所以會做這些事的主要目的之一，就是希望得到你對他們的尊重。當然，他們也希望從你口中聽到對他們的專業知識是如何敬佩，這會因此增加他們的自信心以及增加對你的好感。

  所以當你遇到表現型客戶的時候，你要不斷地稱讚他們。切記千萬不要和這一類型的客戶爭辯，即使他們提出的看法可能是錯誤的。

- **主觀型拒絕**：主觀型拒絕表現在客戶對於你這個人有所不滿，你會感覺到客戶對你的態度似乎不是非常友善。

  當主觀型的拒絕發生時，通常表示你與客戶的關係建立得太差了，你可能談論太多關於你自己的事情，而太少將注意力放在客戶的身上。所以這時候，你所要做的是趕快重新建立你與客戶間的良好關係，贏取客戶對你的好感與信賴，少說話、多發問，多請教客

戶，讓客戶多談談他的看法。

· **懷疑型拒絕**：懷疑型的拒絕表示客戶不相信你的產品或服務真的如你所說的那麼好，客戶不相信你的產品真的會為他帶來利益。

當客戶提出這種類型的拒絕時，我們所需要做的事情就是必須驗證我們的產品是如何能夠達到他們的要求，為什麼能夠為他們帶來那些利益，同時最好的方法是適當地提出某些老客戶的口碑或其他客戶的見證來說服他們。當然，客戶之所以會懷疑你的產品介紹，表示你在建立互信關係這方面不到位，還沒有贏得客戶對你的充分信任，有時候，也可能只是你的產品介紹方式讓客戶感到言過其實，而你又無法有效證明為什麼你所說的能讓人信服。

所以，如何能夠有親和力地、具說服力地解說你的產品是非常重要的，只一味地自賣自誇，是很容易讓客戶反感的。

當然，如何分辨客戶的拒絕是否屬於真正的拒絕，這需要你具有敏銳的觀察力和經驗。

我們不需要去處理客戶提出的每一個拒絕理由，面對這些困難時，你可以先試著裝作沒聽見，用問題轉移他的注意力，有時理由就會自動消失。

理智應對客戶的抱怨

與客戶相處，難免會發生摩擦。當客戶因與你的摩擦而抱怨時，你的應對方式是否得體，往往會產生截然不同的結果。

如果一個人無緣無故地被人責罵，那麼這個人因此而發脾氣，是很正常的一件事；但做生意的時候，事情可完全不是那樣。客戶的抱怨，不會有絲毫的保留。假如你的商品或服務有了缺陷，他們就會很直接地提出抗議，你要是因此而生氣，那麼生意就做不成了。

所以，對於客戶的抱怨，你最好試著去與他們接觸，了解他們的真實意圖與想法是非常重要的。另外，同樣是抱怨，也有程度上的不同。例如，有的抱怨是要你小心一點；有的抱怨是要你想辦法解決問題。

客戶的不滿如果僅僅是停留在抱怨的階段，那就沒有太大的關係。但如果已經超越了這個階段，而說出：「好，我再也不跟你合作了！」這樣事情就非常嚴重了，此時你要做的是思考該怎樣挽留住這個客戶。

如果此時客戶十分憤怒，你的首要任務是先使對方從激動的狀態中平靜下來，這樣有助於化解爭端，使人恢復理智。

面對客戶的抱怨，你要做的是耐心傾聽。千萬不可中途插嘴，特別是不能在對方話還沒說完時，就提出否定的意見。你必須耐心聽完客戶的話，接著再充滿誠意地回答。如果其中有誤會的地方，你必須坦率地指出。如果客戶所提出的問題是你無法處理的，應立即向主管報告，而不可隨意打發客戶。那種以「我們考慮一下再答覆你」、「這件事不是我負責的，你去找某某人」的搪塞做法，是極為不妥的。

面對一個憤怒的客戶，就等於你正面臨一個危機，這時候不要輕言放棄，用真誠去化解爭執，會讓你獲得意想不到的效果。

誠懇地道歉，積極彌補錯誤

許多人往往把為客戶提供「完美的」服務當做最高宗旨，卻很少去認真想想一旦發生問題，該如何去應對。事實上，正是由於沒有積極去彌補錯誤、及時圓滿地解決危機，使得錯失了許多與客戶聯絡感情和樹立公司形象的大好機會。比如，你在工作中不小心出現差錯，讓客戶受到損失，卻又沒有及時處理和解決這一問題時，你的客戶很可能就會考慮：是繼續與你保持業務上的聯繫，還是轉而到你的競爭對手那裡？

如果確實是自己工作的失誤而遭到客戶抱怨，那麼，與其掩飾，不如乾脆承認錯誤並真誠道歉，然後立即採取補救措施，讓客戶的損失降到最低限度。

為了彌補自己工作的失誤，留住客戶的心，你需要做到以下幾點：

- **表示歉意**：要想讓客戶感受到你對他確實關心，立即表示出真誠的歉意是最好的方法之一。

= 當你向客戶道歉時，從表情、舉止、語調上，都要使人確實感到你是發自內心的、具有真情實意的道歉，而不是生硬的、呆板的、機械的「例行公事」。需要說明的是，當你心情不佳時，切忌強求自己去道歉，這往往不會有太好的效果。

- **立即解決**：解決問題的速度越快越好。這不是去斤斤計較為顧客排憂解難的代價的時候，只要能解決問題，只管去做。你的損失會隨著時間的流逝逐漸被淡化，而你從中獲得的利益卻是永久的。

- **與顧客交流**：除了必要的溝通程序外，要花時間與客戶進行交流。在問題解決後，可以親筆寫封短信，送份小禮物或用其他方式表達對客戶的歉意，並對客戶的支持表達謝意。

· **追蹤聯繫**：防患於未然，即使客戶沒有反映問題，也
  不要忽視與客戶的交流。

任何人都會犯錯，有時是由於工作上的疏忽，有時是
因為工作的方法。

一般來說，只要不是故意犯錯，且在發現錯誤後及時
道歉並採取必要的補救措施，多數客戶是會諒解的。而
掩飾過失只會錯上加錯，把事情越弄越糟。

第八章　從對手那裡學習

第八章
從對手那裡學習

真正能成大事的人，他們不只是把對手當作自己的敵人，他們隨時把對手當作自己的夥伴，在競爭中提高自己的智慧和能力 —— 借鑑對手成功的祕訣，在對手的失敗處尋找機會，從對手那裡學習好的方法以幫助自己達到目的。

你的對手不只是你的敵人

　　真正的對手之間是彼此競爭的，又可一同奮發向上的；或許正因為你擁有值得較勁的對手，你的事業才會取得成功，所以你得感謝你的對手。

2003 年世界愛鳥日，芬蘭維多利亞國家公園應廣大市民的要求，放生了一隻在籠子裡關了 4 年的禿鷹。事過三日，當那些愛鳥者們還在為自己的善舉津津樂道時，一位遊客在距公園不遠處的一片小樹林裡發現了這隻禿鷹的屍體。解剖發現，禿鷹死於飢餓。

禿鷹本來是一種十分凶悍的鳥，甚至可以與美洲豹爭食，然而牠由於在籠子裡關得太久，遠離天敵，結果失去了生存能力。

無獨有偶。一位動物學家在觀察生活於非洲奧蘭治河兩岸的動物時，注意到河東岸與河西岸的羚羊大不相同，前者繁殖能力比後者更強，而且奔跑的速度每分鐘要快13 公尺。

他感到十分驚奇，既然環境與食物都相同，何以差別如此之大？為了解開其中之謎，動物學家和當地動物保護協會進行了一項實驗：在兩岸分別捕捉 10 隻羚羊送到對岸生活。結果送到西岸的羚羊繁殖到了 14 隻，而送到東岸的羚羊只剩下了 3 隻，另外 7 隻被狼吃掉了。

謎底終於被揭開，原來東岸的羚羊之所以身體強健，是

因為它們附近居住著狼群，這使羚羊天天處在「物競天擇」中。為了生存下去，它們變得越來越有「戰鬥力」。而西岸的羚羊之所以弱不禁風，恰恰就是缺少天敵，沒有生存壓力。

上述現象對我們不無啟發，生活中出現對手、一些壓力或一些磨難，的確並非壞事。一份研究資料說，一年中不患一次感冒的人，得癌症的機率是經常患感冒者的6倍。至於俗語「蚌病生珠」，則更能說明問題。一粒砂子嵌入蚌的體內後，蚌將分泌出一種物質來療傷，時間久了，便會逐漸形成一顆晶瑩的珍珠。

你的對手不只是你的敵人，你們可以攜手走向輝煌，相互拆臺只會兩敗俱傷。但是由於各式各樣的原因，有些人把對手當作死敵，嫉妒對手的成功，結果用各種卑鄙的手段去攻擊對手，這種情況非常普遍。

真正能成大事的人，他們不只是把對手當作自己的敵人，他隨時把對手當作自己的夥伴，在競爭中提高自己的智慧與能力。

你的對手不僅僅是你的敵人，他也是你學習的對象，是促使你不斷進步的動力泉源之一。

巧妙包容你的對手

「愛你的對手」，這是件很難做到的事，因為大多數人看到「對手」都會覺得對自己有威脅，能當眾善待對手的人，他的成就往往比不能愛對手的人大得多。

有這麼一則寓言故事：

一隻獅子和一隻狼同時發現一隻小鹿，於是商量好共同去追捕那隻小鹿，它們合作良好，當狼把小鹿撲倒時，獅子便上前一口把小鹿咬死。但這時獅子起了貪念，不想和狼平分這隻小鹿，於是想把狼也咬死，可是狼拚命抵抗，後來狼雖然被獅子咬死，但獅子也受了很重的傷，無法享受美味。

好心善良的人常想，如果獅子不起貪念，和狼共享那隻小鹿，那不就皆大歡喜了嗎？這就是人們常說的「零和賽局」，也就是「你死我活」或「你活我死」的「單贏」。

上述故事中的獅子如果不咬死野狼，而和野狼平分獵物，不但自己不會受重傷，也可享受美味，這就是「雙贏」。

人和動物是不同的，動物的所有行為都依其本性而發，屬於自然的反應；人有思想，經過思考，人可以依當時需要做出各種不同的行為選擇，例如——學會愛你的對手。

「愛你的對手」是件很難做到的事，就因為難，所以人的才能才有高有低，成就有大有小。

能愛自己對手的人是站在主動的地位，採取主動的人是「制人而不受制於人」，你採取主動，不只使對方搞不清楚你對他的態度，也讓第三者感到困惑，搞不清楚你和對方到底是敵是友，甚至會誤認你們已「化敵為友」；可是，是敵是友，只有你心裡才明白，但你的主動，卻使對方處於「接招」、「應戰」的被動態勢，如果對方不能也「愛」你，那麼他將得到一個「沒有器量」之類的評價，一經比較，兩人的境界立即高下立判。

所以，當眾善待你的對手，除了可以在某種程度之內降低對方對你的敵意之外，也可以避免你與對方之間的衝突趨於激烈；換句話說，為敵為友之間，留下了灰色地帶，免得衝突升溫，反而阻擋了自己的去路與退路。畢竟世界很小，天涯無處不相逢。

此外，你的行為也將使對方失去再攻擊你的立場，若他不理會你的善意而依舊攻擊你，那麼必然招致他人的譴責。

而最重要的是，一旦做出愛你的對手這個行為，久了會成為習慣，讓你與人相處時，能容天下人、天下物，出入無礙，進退自如，這才是成就大事業的資本。

從對手那裡學習

兵法有云：「知己知彼，百戰不殆。」打仗如此，做人做事也莫不如此。成大事的法則之一就是仔細研究你的競爭對手，摸透你的競爭對手。

1991 年全美富豪之一的山姆‧沃爾頓（Samuel Walton），他是沃爾瑪公司（Walmart）的創辦人，他的資產高達 250 億美元。

山姆‧沃爾頓開第一家連鎖店的時候，他的人生目標就是要成為行業中的最頂尖者，並相信當他達到這個目標的時候，所有的財富都會蜂擁而來。

他每天所做的事情就是早上四點半起來工作，並且非常熱情、非常有行動力地提供顧客一流的服務。每當他有空的時候，就不斷研究、分析他的競爭對手。

既然他的目標是要成為行業中的最頂尖者，他必須確保自己做的每一件事、採取的每一個服務策略，都比他的競爭對手更好。

因此他不斷跑到競爭對手店裡，看他們到底做了哪些事情，他們到底哪裡比他好，每當他發現競爭對手做得比他好的時候，他就會立刻想出一個方法，在那個領域裡超越他的競爭對手。

唯有了解對方，才有可能超越對方；唯有了解對方，

才有辦法改變自己。所以想要有大的進步，必須養成一個習慣，那就是研究你的競爭對手。

- **借鑑對手成功的祕訣**：成功最重要的祕訣，就是要採用已經證明行之有效的成功方法。

  有些人之所以能達成目標，乃是窮多年之功，歷經無數次失敗，才找出一套特別之道。你只要走進使他們成功的經驗中，也許不久就可以達到像他們那樣的成就。

  借鑑對手的成功經驗，可以先從模仿開始。

  一說起模仿，有人就會援引「東施效顰」、「邯鄲學步」的例子，把模仿貶得一無是處，他們說：「為什麼要模仿別人，借鑑別人呢？要做就要拿出自己的一套來！」這話聽起來很豪壯，殊不知，如果沒有東施效顰的勇氣，沒有邯鄲學步的追求，連模仿也沒有，更談不上借鑑，而沒有模仿與借鑑，又何來創造呢？因此，從某種意義上來說，模仿也是一種進步。

  當然，一味地模仿是不行的。沒有自己的東西，你將永遠亦步亦趨地跟在對手後面，始終無法趕上對手，更不用說超越了。

  借鑑是從模仿通向創造的橋梁。把對手的東西拿來，與自己的現況做一番比較，以便取人之長，補己之短，或從中吸取教訓，這就比單純模仿要高明得多了。

- **在對手的失敗處找尋機會**：首先，認真研究對手的失敗，可以使自己少走彎路。

  前事不忘，後事之師。研究失敗，可以使自己少走彎路，避免誤入歧途。但是，長久以來，我們只是習慣於總結成功的經驗，卻很少認真總結失敗的教訓，這是很危險的。

  其次，認真研究對手的失敗，往往可以發現機會。

  縱觀我們身邊，許多人從對手的失敗中受益無窮，其最根本的原因就是他們會針對失敗追根究柢的追問。當知道為什麼失敗，就是成功。

  再者，認真研究對手的失敗，可以使自己有所警惕。有人曾經根據能否有效利用失敗的價值把人分為四類：

  * 第一類人不能從失敗中吸取教訓，總是犯相同的錯誤，這樣的人無可救藥。

  * 第二類人雖然能夠從失敗中吸取教訓，不犯相同的錯誤，但由於不能從失敗中發現規律性的問題，所以總是犯不同的錯誤，這樣的人也難以成事。

  * 第三類人能夠總結失敗的教訓與規律，算得上是聰明人，但由於只能從自身的失敗中進行總結，所以雖然自身不犯相同的錯誤，但總是會

犯對手犯過的錯誤。這類人比第二類人又高出一籌。

*　第四類人既不犯自己犯過的錯誤，也不犯對手犯過的錯誤。凡是對手的經驗，也成為他的經驗；凡是對手的教訓，也成為他的教訓。只有第四類人才是最善於利用失敗的價值的人。

有些人的成功，偶然的機遇占很大因素，例如「守株待兔」、「瞎貓碰到死耗子」等等。對於那些靠偶然的機會而成功的人來說，認真研究對手的失敗，可以使他們有所警覺，意識到自己往日的成功只是偶然。如果不做出改變，那麼往日成功的經驗，則可能正是明天失敗的原因。

每個人成功的經驗都是人類共有的財富，每個人失敗的教訓也應該成為人類共同的財富。相對於成功的經歷來說，失敗的經歷要比成功的經歷豐富得多；相對於人們所感受的成功經驗來說，目前，人們所感受的失敗的教訓簡直少得可憐。

對於競爭對手，不論他們是成功者還是失敗者，我們都有研究的必要。

了解競爭對手為什麼成功，以及他們曾經犯了哪些錯誤。因為當我們在研究成功的時候，我們發現：要成

功，必須要做成功者所做的事情。同時你也必須了解失
敗者做了哪些事情，讓自己不要犯那些錯誤，為成功打
下基礎。

　　競爭中的對手常常可以作為生活中的良師。要超越別
人，要巧妙生存，就必須要研究你的競爭對手。

學習同事的優點

　　同事之間存在著很激烈的競爭關係，這是因為職場上
存在著優勝劣敗的淘汰機制。所謂競爭是指兩個或兩個
以上的個體或群體，為滿足自身需求而取得有限的目標
物（物質的或精神的），彼此之間互相較勁、競賽、爭
奪勝負的過程。

　　競爭一方面造成了壓力，另一方面也帶來了嶄新的
氣象。據說活沙丁魚的價格是冷凍沙丁魚的好幾倍，而
且不管是肉質或口感都更好，所以漁夫為了確保捕獲的
沙丁魚，不在漁船返航途中死亡，便在沙丁魚群中，放
入一條鯰魚。由於鯰魚一到陌生環境就會不斷地四處游
動，沙丁魚因為深怕被外來的掠食者吃掉，產生了危機
意識，紛紛奮力逃竄，因而活蹦亂跳地存活了下來。這
個現象又被稱為「鯰魚效應」。

　　由此可知，在同事之間建立一種競爭關係是必須而且

是一種必然，「物競天擇，適者生存」，透過競爭可以提高工作效率，激發員工工作的積極性。許多老闆就深諳這一哲理，因此他們特別注重建立員工間的競爭關係。

有一個暖氣機製造廠，由於一直無法達到理想的業績標準，他們的經理非常著急，為此他幾乎使用了所有的方法，例如說盡好話，又鼓勵又許願，甚至還採用了「無法完成指標就開除你」的威脅手段，結果仍是毫無效果。最後只好向總經理史考勃先生如實匯報，於是史考勃先生當天就前往工廠查看。

當時，日班馬上就要結束，他問一位工人說：「請問，你們日班今天製造了幾部暖氣機？」「6部。」那位工人回答。史考勃沒有再說話，只是拿一支粉筆在牆上的黑板上寫下一個大大的阿拉伯數字「6」，然後轉身離開了工廠。夜班工人接班時，看到了那個「6」字，便問是什麼意思，那位準備換班的日班工人說：「老闆剛才來過了，他問我們製造了幾部暖氣機，我們說6部，他就把它寫在了黑板上。」

第二天早上，史考勃又來到了工廠，他看到夜班工人已把「6」字擦掉，寫上了一個大大的「7」字。日班工人接班時當然看到了那個很大的「7」字。於是他們決定要讓夜班工人刮目相看，發奮工作。那晚他們下班時，黑板上留下了一個頗具示威性的特大的「10」字。很顯

然，情況在逐漸好轉。不久這個產量一直落後的工廠終於有了很大的改變。

　　為什麼會如此呢？這是競爭的力量，史考勃就是巧妙地運用競爭讓員工減少了惰性，激發了他們工作的動力，因為競爭能激起人們超越他人的欲望。當然同事間的利害衝突也是促使競爭產生的客觀原因，但無論怎樣，身為員工都不能逃避競爭，而應該正視同事間的競爭關係，將競爭壓力轉為動力，壓力越大，動力越強，最終一展鴻圖。不應該遇到競爭就產生一些不良心理，或者害怕競爭，不敢打頭陣，懼怕槍打出頭鳥；或雙方都見不得對方好，相互廝殺，把對手往死裡逼，這種競爭是「拆臺式」的競爭、「減法式」的競爭，具有極大的破壞性。

　　正確地意識到你與同事之間的競爭關係，有利於你更好地完成工作，在競爭中你還會發現自己的不足，而此時你需要做的是，學習同事的長處，彌補自己的不足。

　　對此，某位世界 500 強企業的 CEO 說：「工作是一個不斷學習的過程。有事業心並且能在事業上有所成就的人才會在工作中不斷學習、累積經驗。有人卻找不到學習的對象，不知從何學起。其實，公司中優秀的員工就是非常值得我們學習的對象。何謂優秀，即他們有更多的經驗，更熟練的業務能力，他們知道許多我們不懂的東西。」

的確，我們的背景、學歷乃至經驗，都不足以成為阻礙我們向別人學習的理由，我們應該以謙虛的態度向我們的同事學習，而這種學習是永不間斷的，是要始終奉行的，更是競爭中的智者的行為。

蹲得越低，跳得越高

生活中，總有一些時候，主導權不是掌握在你的手中，而是掌握在別人的手中。不管你從事什麼樣的職業，你都可能遇到這種情況。

一位朋友曾講過這樣一個故事：

「我在一家百貨公司上班時，曾經為了和某大企業家簽訂合約拜訪過好幾次對方的府邸。」

「對方雖然是萬貫家財的大富翁，卻非常小氣。其他百貨公司也曾經試著和他打交道，都不得要領，大家都認為要使他成為百貨業的客戶是不可能的。但是，既然公司老闆下令『去看看』，我也只好來回奔波。」

「某一天，不知道他碰到了什麼好事，爽快道：『嗯，上來吧！』終於可以進門了。原以為這一次拜訪應該會有好消息，事實卻不然。」

「大概是窮極無聊吧，『當我還年輕的時候……，』這個古怪老頭突然開始滔滔不絕地說起他如何從一介平民奮

鬥成為大富翁的經歷。這一番話足足說了兩個多鐘頭。」

「這位大富翁的家是日本榻榻米式格局，對方正襟危坐，我當然也不能直膝或盤腿而坐。剛開始我還能頻頻點頭，注意地聽，後來腳實在覺得痠疼，他的話已經變成了耳邊風。30 分鐘後腳已經麻痺，過了一個鐘頭，額頭直冒冷汗。」

「『今天就到此為止吧！』」

「這個古怪的大富翁說完就站起來，我也打算站起來，不料因為腳麻，一不留神『砰』地一聲跌得四腳朝天！」

「大概是發出相當大的聲響吧，女傭嚇了一大跳，立即跑過來問：『發生了什麼事？』」

「古怪的富翁看見我這個大男人竟然跌地不起，『真是個沒用的東西！』嘴上說著卻笑得合不攏嘴。」

「古怪富翁終於成為我們公司的客戶，大概是因為憐惜我這個『沒用的東西』的結果。」

被兔子嘲笑為「遲鈍」的烏龜能夠贏得賽跑，而被笑罵為「沒用的東西」的這位朋友，也成功地完成使命。相反地，那些被認為「很能幹」的人，卻功敗垂成。

主導權不在自己的手中，要想順利達成目標，需要你表現出低姿態，低姿態往往使你受到歡迎。

麥克是某保險公司的業務員，他從事這一行已有十年，豐富的工作經驗與社會閱歷，使他工作起來得心應手，取得了輝煌的業績。對此他說道：

　　「適時地表現出低姿態，的確是一種巧妙的方法，對此我有深刻的感受。記得那次我去向某大公司的總裁推銷保險，他在百忙之中答應次日給我十分鐘時間，為此我作了充分的準備，我按預約的時間，早早地到了他的公司，結果祕書告訴我他外出了，讓我稍等或另行預約，我從兩點半一直等到五點，總裁終於回來了，見到我時對我說：『你還挺守時的。』我立刻說道：『我按您說的，三點就來了。』『不，是五點。』他堅定地說。我沒有辯解，只是說：『哦！對不起！是我記錯了。』之後我們便開始交談，可是結果不是很理想，我也沒有抱什麼希望。不料，幾天後，總裁打電話告訴我，他們準備與我們公司合作，並出乎意料地向我道歉，說後來他詢問了祕書，原來是他記錯了預約的時間。」

　　「人在屋簷下，哪能不低頭。」這句話在此乃是至理名言。可惜，初涉世事的年輕人，往往「臉皮薄」，放不下架子，不肯低調一些；更有甚者，稍有不如意就怒不可遏，終被憤怒沖昏了頭，導致事與願違。

　　智者說：「蹲得越低，跳得越高。」的確，當主導

權掌握在別人手中時，我們不妨低調一些，不要怕成為
「沒有用的人」，更不要辯解，而是說：「哦！是我記錯
了。」往往能獲得意想不到的效果。

　　從對手那裡學習，我們不僅要借鑑他們成功的祕訣、
在他們的失敗中尋找機會，我們更要學習那些好的方法
以幫助自己順利達成目的。當我們以低姿態掌握主導權
時，我們便不再需要感到自卑，而能化被動為主動，控
制局勢；而這也正是我們需要表現低姿態的真正原因。

丈夫之志，能屈能伸

　　許多時候，如果你要做好一件事情，就得以低姿態出
現在對手面前，表現得謙虛、平和、樸實、憨厚，甚至
於畢恭畢敬。

　　對於你的對手而言，你謙虛時顯得他高傲；你樸實和
氣，他就願意與你相處，認為你親切、可靠；你恭敬順
從，他的虛榮心就會得到滿足，往往會主動地幫助你解
決問題。

　　「蹲得越低，跳得越高」，是為人處世的金玉良言。
但需要知道的是：

　　低姿態並不是虛偽，也不是懦弱，更不是丟棄尊嚴的
卑躬屈膝，它是一種以退為進的生存策略，其中還包含

了「大丈夫能屈能伸」的處世良方。

比爾是某圖書公司的老闆，他白手起家、勤奮刻苦，幾年來生意越做越大，但令比爾苦惱的是，生意規模越大，所需的成本也相應增加，可是圖書收款卻極為困難，許多客戶拖欠的帳款遲遲無法回收。為解決這一難題，比爾決定親自出馬，他仔細查閱了帳目，決定從欠款最多的 ML 公司開始。

在商場上摸爬滾打了多年，比爾知道不能貿然前往，否則十之八九不會有收穫，為此比爾在動身前與 ML 公司經理取得了聯繫，經過一番商談，對方答應願意結清大部分欠款。

兩天以後，比爾來到了 ML 公司樓下，ML 公司規模的確很大，顧客盈門，公司內部一番忙碌的景象，這使比爾對收回 20 萬欠款信心十足。

但俗話說：「計畫趕不上變化。」比爾的信心不久就受到了打擊。ML 公司的女祕書接待了比爾，告訴比爾：「經理要我轉交給你 3,000 元帳款。」比爾聞言猶如晴天霹靂，頓時感到頭暈目眩。比爾失望極了，他憤怒極了，大叫起來，說對方不講信用，這樣下去不會有什麼好結果等等，比爾直說得口乾舌燥，但他的怒火仍未平息，那可憐的女祕書只能一直低頭不語。

也許是見到女祕書可憐的模樣，比爾不忍心再說下去，他直接向經理室走去，門半開著，ML 公司經理正閉目靜坐，比爾敲了敲門，經理說：「我正等你呢！」比爾追問：「我們不是商量好了嗎？為什麼現在只結清這麼一點呢？」「我們現在沒錢。」經理說道。比爾覺得自己比先前更怒不可遏，可是不管比爾說什麼，那位經理始終還是冷冷地說：「現在沒錢。」

憤怒之後的比爾清醒了許多，他意識到自己的失態，紅著臉向那位冷酷的經理道歉：「啊！真對不起，您看我這人太容易意氣用事，剛才說了許多難聽的話……。」也許是比爾的真誠打動了經理，他的語氣也緩和了許多：「說真的，我們現在的確沒有錢。」接著比爾道出了自己的苦衷，希望經理予以諒解。經理也向比爾說明了原因，原來 ML 公司又開了幾家分店，公司的流動資金所剩無幾，外面帳款也未全部收回，而且又快到給員工發薪水的日子了，公司已盡了最大的努力給比爾 3,000 元。比爾也清楚做生意的難處，也許是他們找到了共同的話題，不知不覺聊了許久，兩人甚至成了知己，都覺得相見恨晚。

最後比爾拿著 ML 公司的 3,000 元帳款，毫無怨言地離開了 ML 公司，那位經理一直把他送到門外，答應比

爾一定儘快解決。比爾臨走時也沒忘記，向那位女祕書說聲「對不起！」還邀請她去他公司坐坐。

兩個月後，比爾收到了 ML 公司的全部欠款和一封希望今後繼續合作的信函。

從比爾的經歷中，我們能體會「能屈能伸」的真正涵義，更重要的是，比爾的經歷為我們說明了一個為人處世的道理：該低頭就低頭。

主導權掌握在別人手中，要想達到自己的目的，就要低姿態，表現得謙虛、平和。要做到「該低頭就低頭」，則需要做到以下幾點：

· **切忌怒不可遏**：要隨時保持平和的心態，切忌被憤怒沖昏了頭腦。

當你生氣時，不妨問問自己：「生氣能解決問題嗎？」盡量找出有建設性的方法，而不是意氣用事。

你憤怒，只是因為你已經習慣，且已經學會了用它來表達不滿，來表明你的要求，希望達到你的目的。其實，這是與人相處中一種不成熟的表現。

你應該明白，憤怒是自己讓自己的內心受到煎熬，只會徒增痛苦，且於事無補。

· **勇於承認錯誤**：與對方商談時，不管由於什麼原因，使對方下不了臺是不禮貌，也是不明智的。

真誠道歉，爭取諒解，就能將因言語失誤所造成的被動局面完全扭轉過來，消除對自己的不利影響和尷尬局面。

道歉並不丟臉。在道歉時，一定要注意一點，那就是要真誠。內心有了誠意，即使先前多少有些不理智的表現，也能得到對方諒解。

· **站在對方的立場思考**：如果你不想造成尷尬和被動的局面，那麼，最好的辦法是站在對方的立場思考，這樣能拉近雙方的距離，緩解雙方的矛盾。

當你表明自己的苦衷後，對方仍無法按你的意願行事時，你不必急著發怒，使雙方的衝突升級，你可以站在對方的立場，想一想如果我處在他的位置，我又會怎麼辦呢？他是否也有什麼苦衷呢？這往往能使你心平氣和，找到一個雙方都能接受的解決方案。

站在對方的立場思考，是一種「雙贏」的思維，是成功者思考的方法，它能讓你與對方成為知己好友。

· **該硬就硬**：一味地「軟」，當好人，無異於任人欺侮，所以在「軟」之時，也應該有「硬」的一面，「軟硬兼施」才是最佳策略。而「該硬就硬」需要做到。

· **表明自己的立場**：作為商談的一方，你有自己的立場，雖然主導權不掌握在自己手中，你仍須表明自己

的立場，否則就易讓對方產生錯覺 ── 你是一個沒有主張的人，那樣你的目的將很難達成。

但切記，只是表明自己的立場，並不是讓你變得固執，如上述的比爾，他一開始表明自己立場的途徑是透過憤怒的話語，他明顯做過頭了；過猶不及，往往只會收到相反的效果，導致那位經理最後只冷冷地說了句：「我們現在沒錢。」

表明自己的立場，是爭取主導權的第一步，看似無足輕重，實則非常重要。

· **原則問題不讓步**：在與對方商談時，在原則問題上，絕對不能給對手可乘之機。雖然許多時候讓步往往會造成扭轉乾坤的功效，但我們不可以一味地迎合對方，在涉及到某些重大利益時，則應該適當地堅持你的主張，使對方知難而退，進而達到保護自己的目的。至於什麼才是原則問題，這需要仔細考慮。

第八章　從對手那裡學習

後記

　　隆重推薦此書，希望本書能為你理清職場中的潛規則，讓你對自己所處的環境有更全面、清晰的認知與了解，其中所提出的種種有理有據的建議與忠告、解決困難的手段及方法，則可為你提供切實可行的參考意見和行動方針，使你少走彎路，能更輕鬆、愉悅地工作，並順利、快速地達到自己的目標。希望能對你有所幫助、有所裨益。

電子書購買

國家圖書館出版品預行編目資料

領低薪，是因為你不夠用心：帕雷托法則 × 鯰
魚效應 ×AIDMA 定律……職場八大守則，你
做對了哪些？ / 胡文宏，劉燁編著 . -- 第一版 . --
臺北市：財經錢線文化事業有限公司 , 2022.10
　面；　公分
POD 版
ISBN 978-957-680-519-6(平裝)
1.CST: 職場成功法
494.35　　111014889

領低薪，是因為你不夠用心：帕雷托法則 × 鯰魚效應 ×AIDMA 定律……職場八大守則，你做對了哪些？

臉書

編　　　著：胡文宏，劉燁
發 行 人：黃振庭
出 版 者：財經錢線文化事業有限公司
發 行 者：財經錢線文化事業有限公司
E - m a i l：sonbookservice@gmail.com
粉 絲 頁：https://www.facebook.com/sonbookss/
網　　　址：https://sonbook.net/
地　　　址：台北市中正區重慶南路一段六十一號八樓 815 室
Rm. 815, 8F., No.61, Sec. 1, Chongqing S. Rd., Zhongzheng Dist., Taipei City 100, Taiwan
電　　　話：(02) 2370-3310　　傳　　　真：(02) 2388-1990
印　　　刷：京峯彩色印刷有限公司（京峰數位）
律師顧問：廣華律師事務所 張珮琦律師

定　　　價：250 元
發行日期：2022 年 10 月第一版
◎本書以 POD 印製